수학의
미래

초등 **1-1**

ViaEducation

먼저 읽어 보고 다양한 의견을 준 학생들 덕분에 『수학의 미래』가 세상에 나올 수 있었습니다.

강소을 　서울공진초등학교 　　　김대현 　광명가림초등학교 　　　김동혁 　김포금빛초등학교

김지성 　서울이수초등학교 　　　김채윤 　서울당산초등학교 　　　김하율 　김포금빛초등학교

박진서 　서울북가좌초등학교 　　변예림 　서울신용산초등학교 　　성민준 　서울이수초등학교

심재민 　서울하늘숲초등학교 　　오 현 　서울청덕초등학교 　　　유하영 　일산 홈스쿨링

윤소윤 　서울갈산초등학교 　　　이보림 　김포가현초등학교 　　　이서현 　서울경동초등학교

이소은 　서울서강초등학교 　　　이윤건 　서울신도초등학교 　　　이준석 　서울이수초등학교

이하은 　서울신용산초등학교 　　이호림 　김포가현초등학교 　　　장윤서 　서울신용산초등학교

장윤수 　서울보광초등학교 　　　정초비 　안양희성초등학교 　　　천강혁 　서울이수초등학교

최유현 　고양동산초등학교 　　　한보윤 　서울신용산초등학교 　　한소윤 　서울서강초등학교

황서영 　서울대명초등학교

그 밖에 서울금산초등학교, 서울남산초등학교, 서울대광초등학교, 서울덕암초등학교,
서울목원초등학교, 서울서강초등학교, 서울은천초등학교, 서울자양초등학교,
세종은빛초등학교, 인천계양초등학교 학생 여러분께 감사드립니다.

1 '수학의 시대'에 필요한 진짜 수학

여러분은 새로운 시대에 살고 있습니다. 인류의 삶 전반에 큰 변화를 가져올 '제4차 산업혁명'의 시대 말입니다. 새로운 시대에는 시험 문제로만 만났던 '수학'이 우리 일상의 중심이 될 것입니다. 영국 총리 직속 연구위원회는 "수학이 인공 지능, 첨단 의학, 스마트 시티, 자율 주행 자동차, 항공 우주 등 제4차 산업혁명의 심장이 되었다. 21세기 산업은 수학이 좌우할 것"이라는 내용의 보고서를 발표하기도 했습니다. 여기서 말하는 '수학'은 주어진 문제를 풀고 답을 내는 수동적인 '수학'이 아닙니다. 이런 역할은 기계나 인공 지능이 더 잘합니다. 제4차 산업혁명에서 중요하게 말하는 수학은 일상에서 발생하는 여러 사건과 상황을 수학적으로 사고하고 수학 문제로 바꾸어 해결할 수 있는 능력, 즉 일상의 언어를 수학의 언어로 전환하는 능력입니다. 주어진 문제를 푸는 수동적 역할에서 벗어나 지식의 소유자, 능동적 발견자가 되어야 합니다.

『수학의 미래』는 미래에 필요한 수학적인 능력을 키워 줄 것입니다. 하나뿐인 정답을 찾는 것이 아니라 문제를 해결하는 다양한 생각을 끌어내고 새로운 문제를 만들 수 있는 능력을 말입니다. 물론 새 교육과정과 핵심 역량도 충실히 반영되어 있습니다.

2 학생의 자존감 향상과 성장을 돕는 책

수학 때문에 마음에 상처를 받은 경험이 누구에게나 있을 것입니다. 시험 성적에 자존심이 상하고, 너무 많은 훈련에 지치기도 하고, 하고 싶은 일이나 갖고 싶은 직업이 있는데 수학 점수가 가로막는 것 같아 수학이 미워지고 자신감을 잃기도 합니다.

이런 수학이 좋아지는 최고의 방법은 수학 개념을 연결하는 경험을 해 보는 것입니다. 개념과 개념을 연결하는 방법을 터득하는 순간 수학은 놀랄 만큼 재미있어집니다. 개념을 연결하지 않고 따로따로 공부하면 공부할 양이 많게 느껴지지만 새로운 개념을 이전 개념에 차근차근 연결해 나가면 머릿속에서 개념이 오히려 압축되는 것을 느낄 수 있습니다.

이전 개념과 연결하는 비결은 수학 개념을 친구나 부모님에게 설명하고 표현하는 것입니다. 이 과정을 통해 여러분 내면에 수학 개념이 차곡차곡 축적됩니다. 탄탄하게 개념을 쌓았으므로 어떤 문제 앞에서도 당황하지 않고 해결할 수 있는 자신감이 생깁니다.

『수학의 미래』는 수학 개념을 외우고 문제를 푸는 단순한 학습서가 아닙니다. 여러분은 여기서 새로운 수학 개념을 발견하고 연결하는 주인공 역할을 해야 합니다. 그렇게 발견한 수학 개념을 주변 사람들에게나 자신에게 항상 소리 내어 설명할 수 있어야 합니다. 설명하는 표현학습을 통해 수학 지식은 선생님의 것이나 교과서 속에 있는 것이 아니라 여러분의 것이 됩니다. 자신의 것으로 소화하게 된다는 말이지요.『수학의 미래』는 여러분이 수학적 역량을 키워 사회에 공헌할 수 있는 인격체로 성장할 수 있게 도와줄 것입니다.

3 스스로 수학을 발견하는 기쁨

수학 개념은 처음 공부할 때가 가장 중요합니다. 처음부터 남에게 배운 것은 자기 것으로 소화하기가 어렵습니다. 아직 소화하지도 못했는데 문제를 풀려 들면 공식을 억지로 암기할 수밖에 없습니다. 좋은 결과를 기대할 수 없지요.

『수학의 미래』는 누가 가르치는 책이 아닙니다. 자기 주도적으로 학습해야만 이 책의 목적을 달성할 수 있습니다. 전문가에게 빨리 배우는 것보다 조금은 미숙하고 늦더라도 혼자 힘으로 천천히 소화해 가는 것이 결과적으로는 더 빠릅니다. 친구와 함께할 수 있다면 더욱 좋고요.

『수학의 미래』는 예습용입니다. 학교 공부보다 2주 정도 먼저 이 책을 펼치고 스스로 할 수 있는 데까지 해냅니다. 너무 일찍 예습을 하면 실제로 배울 때는 기억이 사라져 별 효과가 없는 경우가 많습니다. 2주 정도의 기간을 가지고 한 단원을 천천히 예습할 때 가장 효과가 큽니다. 그리고 부족한 부분은 학교에서 배우며 보완합니다. 이 책을 가지고 예습하다 보면 의문점도 많이 생길 것입니다. 그 의문을 가지고 수업에 임하면 수업에 집중할 수 있고 확실히 깨닫게 되어 수학을 발견하는 기쁨을 누리게 될 것입니다.

전국수학교사모임 미래수학교과서팀을 대표하여
최수일 씀

복잡하고 어려워 보이는 수학이지만 개념의 연결고리를 찾을 수 있다면 쉽고 재미있게 접근할 수 있어요. 멋지고 튼튼한 집을 짓기 위해서 치밀한 설계도가 필요한 것처럼 여러분 머릿속에 수학의 개념이라는 큰 집이 자리 잡기 위해서는 체계적인 공부 설계가 필요하답니다. 개념이 어떻게 적용되고 연결되며 확장되는지 여러분 스스로 발견할 수 있도록 선생님들이 꼼꼼하게 설계했어요!

단원 시작

수학 학습을 시작하기 전에 무엇을 배울지 확인하고 나에게 맞는 공부 계획을 세워 보아요. 선생님들이 표준 일정을 제시해 주지만, 속도는 목표가 될 수 없습니다. 자신에게 맞는 공부 계획을 세우고, 실천해 보아요.

복습과 예습을 한눈에 확인해요!

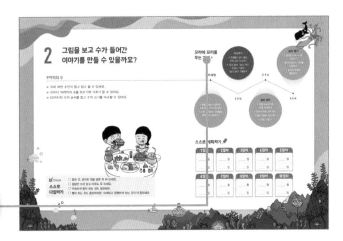

기억하기

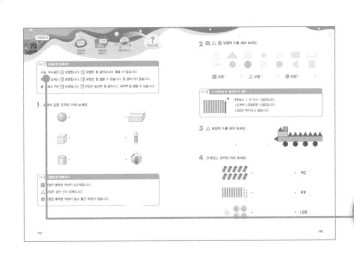

새로운 개념을 공부하기 전에 이전에 배웠던 '연결된 개념'을 꼭 확인해요. 아는 내용이라고 지나치지 말고 내가 제대로 이해했는지 확인해 보세요. 새로운 개념을 공부할 때마다 어떤 개념에서 나왔는지 확인하는 습관을 가져 보세요. 앞으로 공부할 내용들이 쉽게 느껴질 거예요.

배웠다고 만만하게 보면 안 돼요!

새로운 개념과 만나기 전에 탐구하고 생각해야 풀
수 있는 '열린 질문'으로 이루어져 있어요. 처음에
는 생각해 내기 어려울 수 있지만 개념 연결과 추
론을 통해 문제를 해결할 수 있다면 자신감이 두
배는 생길 거예요. 한 가지 정답이 아니라 다양한
생각, 자유로운 생각이 담긴 나만의 답을 써 보세
요. 깊게 생각하는 힘, 수학적으로 생각하는 힘이
저절로 커져서 어떤 문제가 나와도 당황하지 않게
될 거예요.

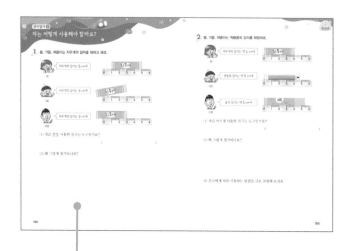

 내 생각을 자유롭게 써 보아요!

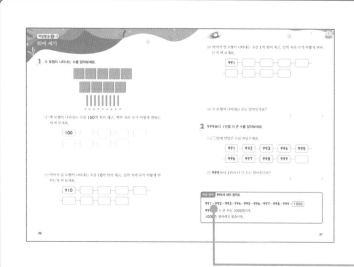

'생각열기'에서 나온 개념이나 정의 등을 한눈에
확인할 수 있게 정리했어요. 또한 개념이 적용된
다양한 예제를 통해 기본기를 다질 수 있어요. '생
각열기'와 짝을 이루어 단원에서 배워야 할 주요
한 개념과 원리를 알려 주어요.

 개념의 핵심만 추렸어요!

표현하기·선생님 놀이

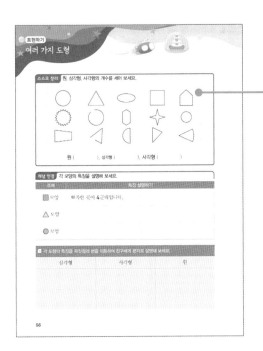

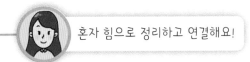

혼자 힘으로 정리하고 연결해요!

새로 배운 개념을 혼자 힘으로 정리하고, 관련된 이전 개념을 연결해요. 수학 개념은 모두 연결되어 있어서 그 연결고리를 찾아가다 보면 '아, 그렇구나!' 하는, 공부의 재미를 느끼는 순간이 찾아올 거예요.

친구나 부모님에게 설명해 보세요!

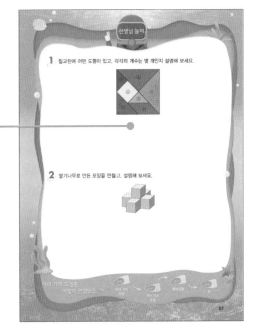

문제를 모두 풀었다고 해도 설명을 할 수 없으면 이해하지 못한 거예요. '선생님 놀이'에서 말로 설명을 하다 보면 내가 무엇을 모르는지, 어디서 실수했는지를 스스로 발견하고 대비할 수 있어요.

개념을 완벽히 이해했다면 실제 시험에 대비하여 문제를 풀어 보아요. 다양한 문제에 대처할 수 있도록 난이도와 문제의 형식에 따라 '기본'과 '심화'로 나누었어요. '기본'에서는 개념을 복습하고 확인해요. '심화'는 한 단계 나아간 문제로, 일상에서 벌어지는 다양한 상황이 문장제로 나와요. 생활 속에서 일어나는 상황을 수학적으로 이해하고 식으로 써서 답을 내는 과정을 거치다 보면 내가 왜 수학을 배우는지, 내 삶과 수학이 어떻게 연결되는지 알 수 있을 거예요.

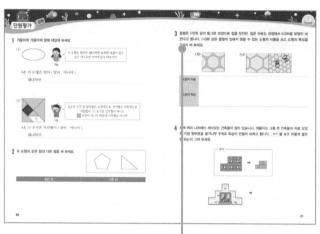

문장제까지 해결하면 자신감이 쑥쑥!

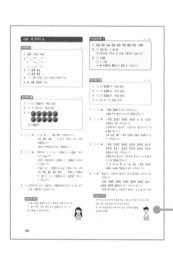

『수학의 미래』는 혼자서 개념을 익히고 적용할 수 있도록 설계되었기 때문에 해설을 잘 활용해야 해요. 문제를 푼 후에 답과 해설을 확인하여 여러분의 생각과 비교하고 수정해보세요. 그리고 '선생님의 참견'에서는 선생님이 문제를 낸 의도를 친절하게 설명했어요. 의도를 알면 문제의 핵심을 알 수 있어서 쉽게 잊히지 않아요.

문제의 숨은 뜻을 꼭 확인해요!

차례

1 그림을 보고 수가 들어간 ⋯⋯⋯⋯⋯⋯ 10
이야기를 만들 수 있나요?
9까지의 수

2 우리 주변에서 ⋯⋯⋯⋯⋯⋯⋯⋯⋯⋯⋯ 44
여러 가지 모양을 찾아볼까요?
여러 가지 모양

3 우리 반 친구들은 모두 몇 명인가요? ⋯⋯⋯ 62
덧셈과 뺄셈

4 물건을 비교할 수 있나요? ⋯⋯⋯⋯⋯⋯ 94
비교하기

5 수박과 참외가 몇 개인가요? ⋯⋯⋯⋯⋯ 116
50까지의 수

1 그림을 보고 수가 들어간 이야기를 만들 수 있나요?

9까지의 수

★ 물건을 보고 9까지 세고 읽고 쓸 수 있어요.
★ 수의 순서와 크기를 알 수 있어요.

☑ Check

스스로 다짐하기

☐ 말한 것, 생각한 것을 글로 꼭 써 보세요.

☐ 정답만 쓰지 말고 이유도 꼭 써 보세요.

☐ 익숙하게 빨리 하는 것도 필요해요.

☐ 빨리 하는 것도 중요하지만, 자세하고 정확하게 하는 것이 더 중요해요.

★ 한글을 읽지 못하는 학생을 위하여 부모님께서 문제를 읽어 주세요.

꼬리에 꼬리를 무는 개념 ✦

- 생활 속에서 사용하는 수의 여러 가지 의미 알기
- 스무 개가량의 구체물을 세어 보고 알아보기

1-1-1

50까지의 수
- 50까지의 수를 이해하고, 수를 세고 읽고 쓰기
- 50까지의 수의 순서를 이해하고, 수의 크기 비교하기

누리과정

9까지의 수
- 9까지의 수를 읽고 쓰기
- 9까지 수의 순서를 이용하기
- 1 큰 수와 1 작은 수를 알기
- 0을 알고 읽고 쓰기
- 9까지의 수의 크기 비교하기

1-1-5

스스로 계획 짜기 ✏️

1일차	2일차	3일차	4일차	5일차
____월 ____일	____월 ____일	____월 ____일	____월 ____일	____월 ____일

6일차	7일차	8일차	9일차	10일차
____월 ____일	____월 ____일	____월 ____일	____월 ____일	____월 ____일

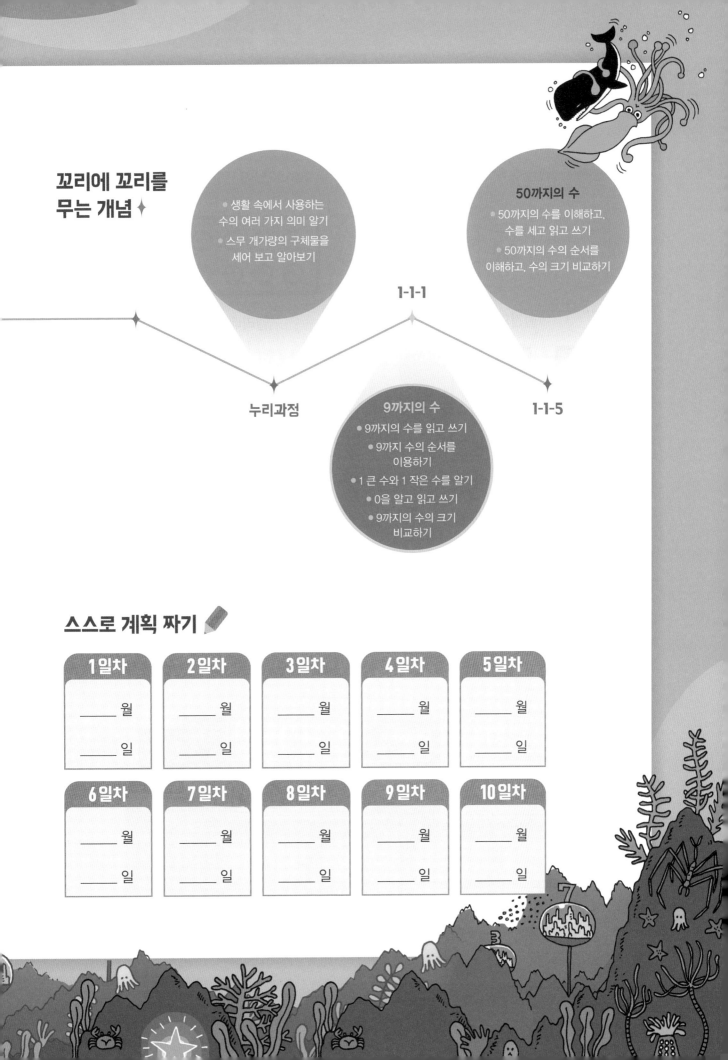

누리과정
수의 여러 가지
의미 알기

누리과정
스무 개가량의
구체물 세어 보기

누리과정
구체물 수량의
많고 적음 비교하기

?

기억 1　생활 속에서 사용하는 수의 여러 가지 의미 알기

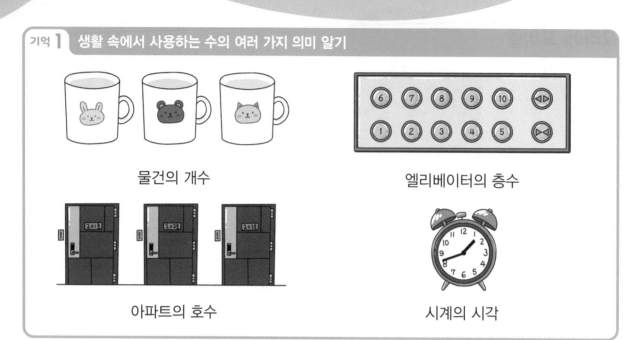

물건의 개수

엘리베이터의 층수

아파트의 호수

시계의 시각

1 수를 언제 사용하는지 써 보세요.

2 그림에서 숫자를 찾아 ○표 해 보세요.

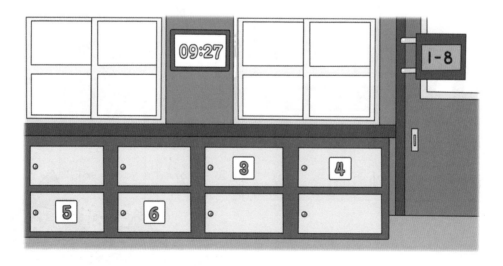

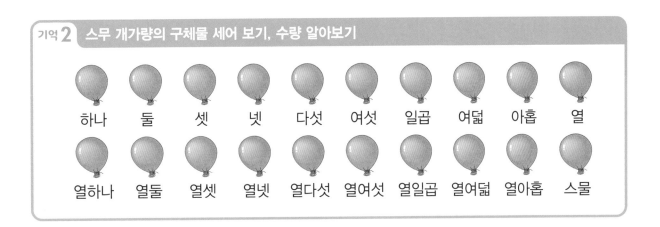

| 하나 | 둘 | 셋 | 넷 | 다섯 | 여섯 | 일곱 | 여덟 | 아홉 | 열 |

| 열하나 | 열둘 | 열셋 | 열넷 | 열다섯 | 열여섯 | 열일곱 | 열여덟 | 열아홉 | 스물 |

3 봄이는 부모님과 함께 문구점에 갔어요.

(1) 연필, 공책, 가위, 지우개의 수를 손가락으로 가리키며 세어 보세요.

(2) 연필, 공책, 가위, 지우개 중 가장 많은 것은 무엇인가요?

(   )

이야기를 만들어 볼까요?

1 그림을 보고 이야기를 만들어 보세요.

1부터 5까지의 수를 세고 말하기

1 수를 세어 수만큼을 ●로 나타내어 보세요.

세기	●로 나타내기

⚽	•	1	하나 / 일
(골대)	• •	2	둘 / 이
(강아지들)	• • •	3	셋 / 삼
(나무들)	• • • •	4	넷 / 사
(튤립들)	• • • • •	5	다섯 / 오

1부터 5까지의 수를
세고 말하기

2 수를 세어 두 가지 방법으로 읽어 보세요.

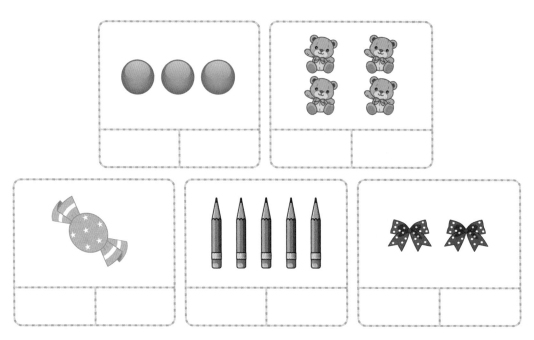

3 수만큼 색칠해 보세요.

둘	
사	기구 기구 기구 기구 기구
1	신발 신발 신발 신발 신발
삼	팽이 팽이 팽이 팽이 팽이
5	복숭아 복숭아 복숭아 복숭아 복숭아

4 알맞게 이어 보세요.

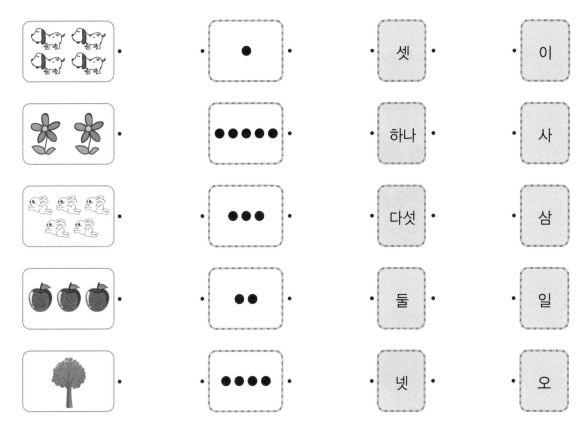

5 보기 와 같이 우리 집에서 수가 1, 2, 3, 4, 5인 것을 찾아 써 보세요.

보기

1	우리 집에는 화분이 1개 있습니다.

1	
2	
3	
4	
5	

6부터 9까지의 수를 세고 말하기

 수를 세어 수만큼을 ●로 나타내어 보세요.

세기	●로 나타내기

	●●●●● ●	6	여섯 육
	●●●●● ●●	7	일곱 칠
	●●●●● ●●●	8	여덟 팔
	●●●●● ●●●●	9	아홉 구

6부터 9까지의 수를
세고 말하기

2 수를 세어 두 가지 방법으로 읽어 보세요.

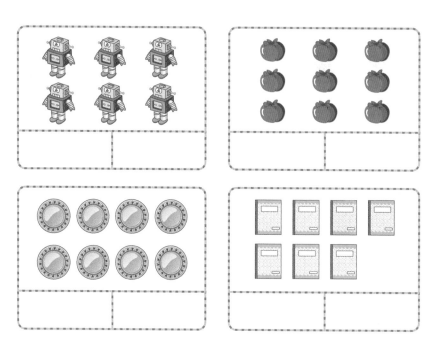

3 알맞게 이어 보세요.

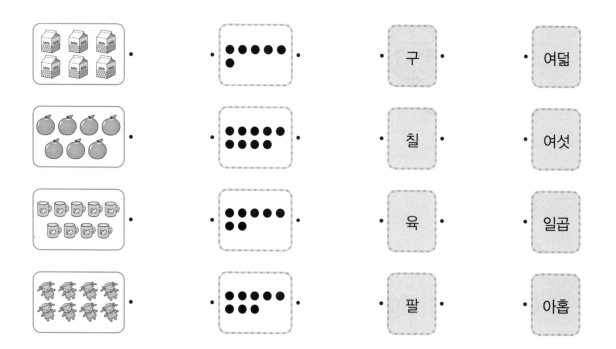

4 수만큼 ○를 칠해 보세요.

6	○ ○ ○ ○ ○ ○ ○ ○ ○
여덟	○ ○ ○ ○ ○ ○ ○ ○ ○
구	○ ○ ○ ○ ○ ○ ○ ○ ○
7	○ ○ ○ ○ ○ ○ ○ ○

5 가을이의 이야기를 바르게 읽은 것을 모두 골라 보세요. (   )

안녕? 난 가을이라고 해. 난 8살이고 하늘 초등학교 1학년 7반 9번이야.
우리 가족은 6명이고 장미 아파트 8층에 살고 있어.
내 생일은 9월 7일이야. 만나서 반가워!

안녕? 난 가을이라고 해. 난 ① 팔 살이고 하늘 초등학교 ② 일 학년
③ 일곱 반 ④ 구 번이야.

우리 가족은 ⑤ 여섯 명이고 장미 아파트 ⑥ 여덟 층에 살고 있어.

내 생일은 ⑦ 구월 칠 일이야. 만나서 반가워!

1부터 9까지의 수 쓰기

1 수를 써 보세요.

① ↓ 1	¦	¦	¦			
① 2	2	2	2			
① 3	3	3	3			
① ② 4	4	4	4			
① ↓ → ② 5	5	5	5			

1	2	3	4	5

6 6 6 6 ___ ___ ___

7 7 7 7 ___ ___ ___

8 8 8 8 ___ ___ ___

9 9 9 9 ___ ___ ___

6 7 8 9

___ ___ ___ ___

___ ___ ___ ___

___ ___ ___ ___

1부터 9까지의 수 쓰기

2 수를 세어 써 보세요.

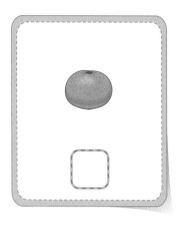

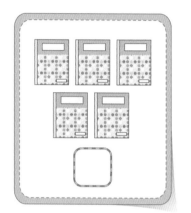

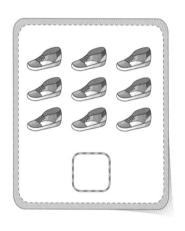

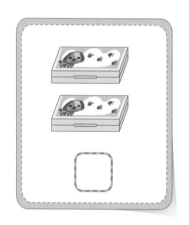

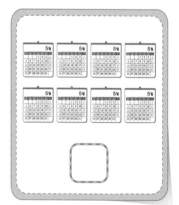

3 동물의 수를 세어 쓰고 읽어 보세요.

(1) 사자: ☐ 마리　읽기 _____마리

(2) 원숭이: ☐ 마리　읽기 _____마리

(3) 코끼리: ☐ 마리　읽기 _____마리

(4) 기린: ☐ 마리　읽기 _____마리

4 수를 이용하여 나에 대한 이야기를 완성해 보세요.

제 이름은 (　　　　　　)이고 나이는 ☐ 살입니다.

저는 (　　　　　)초등학교 ☐ 학년 ☐ 반입니다.

우리 가족은 ☐ 명이고 남자 ☐ 명, 여자 ☐ 명입니다.

제 필통에는 연필이 ☐ 자루, 지우개가 ☐ 개 들어 있습니다.

27

회전목마에서 나는 몇째일까요?

 놀이동산에서 회전목마를 타기 위해 친구들이 한 줄로 서 있어요.

가을 준호 여름 봄 영경 재민 수아 겨울 영우

(1) 친구들이 줄을 선 모습을 보고 알 수 있는 것을 써 보세요.

(2) 회전목마를 타는 순서대로 이름을 써 보세요.

(3) 회전목마를 타기 위해 줄을 선 친구들에게 번호표를 나누어 주려고 합니다.
　　가을이와 여름이에게는 각각 어떤 수를 주어야 할까요? 그 이유는 무엇일까요?

(4) 친구들에게 어떤 수를 주어야 하는지 빈칸에 알맞게 써넣으세요.

가을	준호	여름	봄	영경	재민	수아	겨울	영우

2 블록이 어떤 순서로 쌓여 있는지 알아보세요.

- 제일 아래 블록은 빨간색입니다.
- 아래에서 셋째 블록은 파란색입니다.
- 위에서 첫째 블록은 보라색입니다.
- 아래에서 둘째 블록은 노란색입니다.
- 위에서 둘째 블록은 갈색입니다.

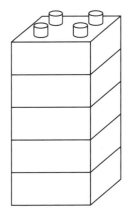

(1) 설명을 읽고 알맞은 색을 칠해 보세요.

(2) 아래에서부터 순서대로 색을 써 보세요.

(3) 위에서부터 순서대로 색을 써 보세요.

수의 순서

1 몇째인지 알아보고 어떤 수로 나타내면 좋을지 알맞은 수를 찾아 이어 보세요.

| 넷째 | 둘째 | 여덟째 | 첫째 | 여섯째 | 아홉째 | 다섯째 | 일곱째 | 셋째 |

| I | 7 | 2 | 4 | 9 | 6 | 3 | 8 | 5 |

2 아래에서, 위에서 몇째인지 순서를 말해 보세요.

(1) 외투는 아래에서 [ ], 위에서 [ ] 입니다.

(2) 바지는 아래에서 [ ], 위에서 [ ] 입니다.

(3) 티셔츠는 아래에서 [ ], 위에서 [ ] 입니다.

(4) 양말은 아래에서 [ ], 위에서 [ ] 입니다.

3 I부터 9까지의 수를 순서에 맞게 빈칸에 써넣으세요.

(1) ①—◯—◯—◯—⑤—◯—◯—◯—◯

(2) ⑨—◯—⑦—◯—◯—◯—◯—◯—◯

4 수를 순서대로 이어 보세요.

(1)

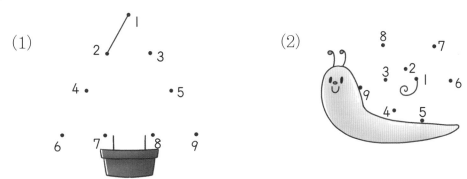

(2)

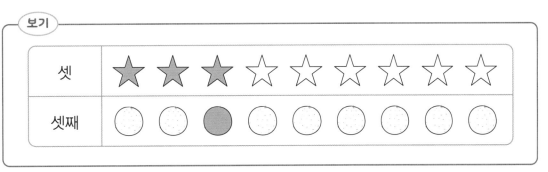

5 보기 와 같이 왼쪽에서부터 순서에 맞게 색칠해 보세요.

보기

| 셋 | ★ ★ ★ ☆ ☆ ☆ ☆ ☆ ☆ |
| 셋째 | ○ ○ ● ○ ○ ○ ○ ○ ○ |

여섯째	
둘째	
아홉	
아홉째	

개념 정리 몇째인지 알 수 있어요.

첫째	둘째	셋째	넷째	다섯째	여섯째	일곱째	여덟째	아홉째
1	2	3	4	5	6	7	8	9

어느 상자에 공이 가장 많이 있나요?

1 마트에서 공을 여러 가지 색의 상자에 넣어 판매하고 있어요.

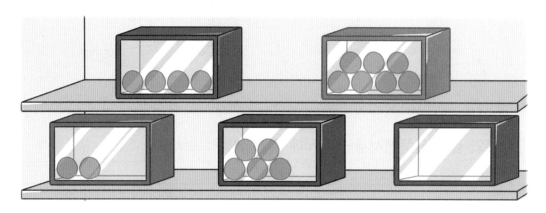

(1) 각 상자에 공이 몇 개 들어 있는지 수로 써 보세요.

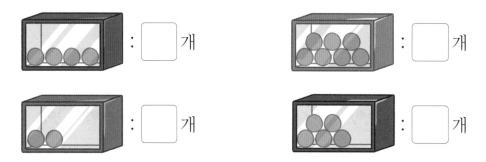

(2) 보라색 상자에는 공이 몇 개 있나요? 어떻게 나타내면 좋을지 써 보세요.

(3) 봄이는 공이 가장 많이 들어 있는 상자를 사려고 합니다. 봄이는 무슨 색 상자를 사야 할까요? 왜 그렇게 생각하나요?

(4) 여름이는 공이 가장 적게 들어 있는 상자를 사려고 합니다. 여름이는 무슨 색 상자를 사야 할까요? 왜 그렇게 생각하나요?

(5) 그림을 보고 겨울이처럼 수를 비교하여 써 보세요.

겨울

빨간색 상자보다 주황색 상자에 공이 더 많이 들어 있습니다.
7은 4보다 큽니다. 4는 7보다 작습니다.

(6) 분홍색 상자에는 공이 초록색 상자보다 많이 들어 있고, 파란색 상자보다 적게 들어 있습니다. 분홍색 상자에 공이 몇 개 들어 있을지 생각해 보고 그 이유를 써 보세요.

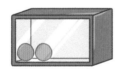 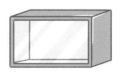 

1 큰 수와 1 작은 수

1 순서에 맞게 빈칸에 수를 써넣으세요.

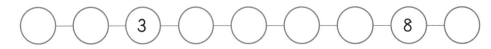

2 빈칸에 1 큰 수와 1 작은 수를 쓰고 ○로 나타내어 보세요.

동그라미를 하나 적게 그리면 돼.　　　　　　동그라미를 하나 더 그리면 돼.

(1)

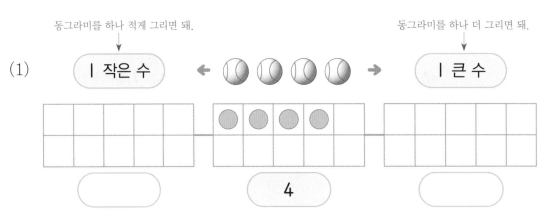

(2)

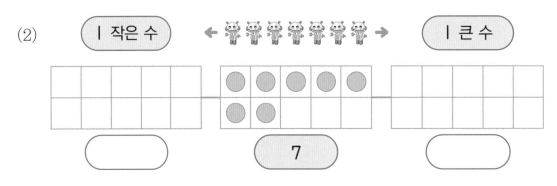

3 □ 안에 1 큰 수와 1 작은 수를 써넣으세요.

(1) 5보다 1 작은 수는 [　] 입니다.

(2) 5보다 1 큰 수는 [　] 입니다.

개념 정리 0을 알 수 있어요.

- 아무것도 없는 것을 0이라 쓰고 영이라고 읽습니다.
- 1보다 1 작은 수는 아무것도 없는 것입니다.

4 아무것도 없는 것을 수로 나타내려고 해요.

(1) 빵의 수를 써 보세요.

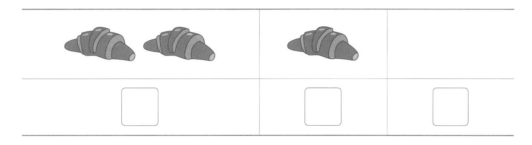

(2) 빵이 2개 있는데 동생이 하나를 먹으면 몇 개가 남나요?

2보다 1 작은 수는 ☐ 입니다. 빵은 ☐ 개가 남습니다.

(3) 빵이 1개 있는데 동생이 하나를 먹으면 몇 개가 남나요?

1보다 1 작은 수는 ☐ 입니다. 빵은 ☐ 개가 남습니다.

5 그림을 보고 수를 세어 보세요.

(1) 책상은 ☐ 개입니다.

(2) 친구들은 ☐ 명입니다.

(3) 사물함은 ☐ 개입니다.

수의 크기 비교

1 필통에 연필을 한 자루씩 담으려고 합니다. 필통과 연필을 하나씩 짝 짓고, 알맞은 말에 ○표 해 보세요.

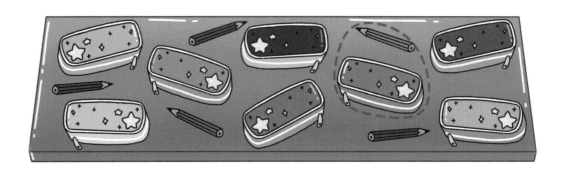

연필은 필통보다 (많습니다 , 적습니다). ➡ 5는 8보다 (큽니다 , 작습니다).

필통은 연필보다 (많습니다 , 적습니다). ➡ 8은 5보다 (큽니다 , 작습니다).

2 수만큼 ○를 그리고 두 수의 크기를 비교해 보세요.

7								

2								

7은 2보다 (큽니다 , 작습니다).   2는 7보다 (큽니다 , 작습니다).

3 수의 배열을 보고 두 수의 크기를 비교해 보세요.

① ② ③ ④ ⑤ ⑥ ⑦ ⑧ ⑨

3은 5보다 (큽니다 , 작습니다).   8은 2보다 (큽니다 , 작습니다).

4 더 많은 쪽에 ○표 하고, 알맞은 말에 ○표 해 보세요.

(1)

9는 5보다 (큽니다 , 작습니다).

5는 9보다 (큽니다 , 작습니다).

(2)

7은 4보다 (큽니다 , 작습니다).

4는 7보다 (큽니다 , 작습니다).

5 더 큰 수에 ○표 하고, □ 안에 알맞은 수를 써넣으세요..

(1) | 2 | 6 | □ 은/는 □ 보다 큽니다. □ 은/는 □ 보다 작습니다.

(2) | 3 | 8 | □ 은/는 □ 보다 큽니다. □ 은/는 □ 보다 작습니다.

6 수를 세어 가장 큰 수와 가장 작은 수를 찾아보세요.

(1) 🍎 : □ 개   🍌 : □ 개   🥔 : □ 개

(2) 가장 많은 것은 (   )입니다. 가장 적은 것은 (   )입니다.

(3) 가장 큰 수는 (   )입니다. 가장 작은 수는 (   )입니다.

개념 정리 | 수의 순서를 이용하여 수의 크기를 비교할 수 있어요.

①─②─③─④─⑤─⑥─⑦─⑧─⑨

3은 7보다 작습니다. 7은 3보다 큽니다.

9까지의 수

스스로 정리 빈칸을 채우고, ○를 그려 두 수의 크기를 비교해 보세요.

하나		셋		다섯			여덟	
l				5	6		8	9
일	이		사		육			구

5											

7											

5는 7보다 (큽니다 , 작습니다).   7은 5보다 (큽니다 , 작습니다).

개념 연결 빈칸을 알맞게 채워 보세요.

주제	설명하기
수 세기	하나—둘—☐—넷—☐—여섯—☐—☐—아홉 아홉—☐—☐—여섯—☐—넷—☐—둘—하나
크기 비교	배 🍐🍐🍐🍐🍐🍐🍐🍐 ☐가 ☐보다 더 많습니다. 사과 🍎🍎🍎🍎🍎🍎

1 ☐ 안에 알맞은 수를 써넣고 친구에게 설명해 보세요.

0 l 2 3 4 5 6 7 8 9

5보다 l 큰 수는 ☐입니다.

7은 ☐보다 l 큰 수이고, ☐보다 l 작은 수입니다.

l보다 l 큰 수는 ☐이고, l보다 l 작은 수는 ☐입니다.

1 그림을 보고 알맞게 이어 보세요.

9

7

5

3

2 친구들을 번호 순서대로 알맞게 이어 보세요.

 5    6    1    9   2   8   7    3    4

첫째   둘째   셋째   넷째   다섯째   여섯째   일곱째   여덟째   아홉째

9까지의 수는
이렇게 연결돼요

 누리
스무 개가량의
구체물 세어 보기

 1-1
9까지의 수

 1-1
50까지의 수

 1-2
100까지의 수

1 수를 세어 써 보세요.

나비 (   )

장미 (   )

새 (   )

튤립 (   )

↑
답을 쓸 때는 단위를 꼭 써요.

2 8만큼 ○를 그려 보세요.

3 보기 와 같이 수를 두 가지 방법으로 읽어 보세요.

> **보기**
>
> 4 ➡ (사 , 넷)

(1) 3 ➡ (,   )

(2) 8 ➡ (,   )

4 셋째인 것에 ○표, 다섯째인 것에 △표 해 보세요.

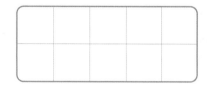

5 왼쪽에서부터 수나 순서에 알맞게 색칠해 보세요.

사(넷)	🤚 🤚 🤚 🤚 🤚 🤚 🤚
넷째	🤚 🤚 🤚 🤚 🤚 🤚

6 수를 순서대로 이어 보세요.

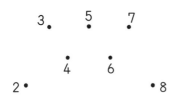

7 8부터 순서를 거꾸로 하여 수를 써넣으세요.

8 − 7 − ☐ − 5 − ☐ − ☐ − 2

8 1 큰 수와 1 작은 수를 써 보세요.

(1)

1 작은 수		1 큰 수
☐	← 7 →	☐

(2)

1 작은 수		1 큰 수
☐	← 5 →	☐

9 그림을 보고 ☐ 안에 알맞은 수를 써넣으세요.

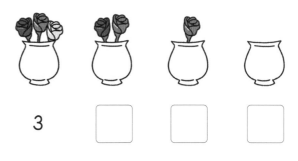

3 ☐ ☐ ☐

10 ☐ 안에 알맞은 수를 써넣으세요.

(1)

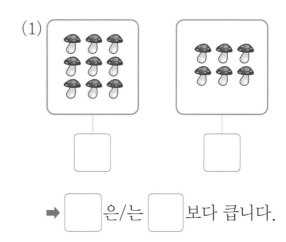

➡ ☐ 은/는 ☐ 보다 큽니다.

(2)

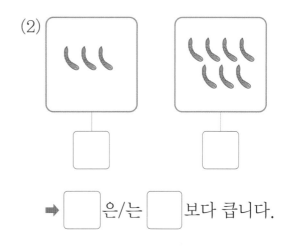

➡ ☐ 은/는 ☐ 보다 큽니다.

1 수를 세어 쓰고 두 가지 방법으로 읽어 보세요.

(1)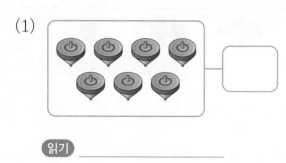

읽기 _____

(2)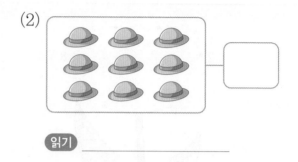

읽기 _____

2 알맞게 이어 보세요.

사 ·	· 1 ·	· 6과 8 사이의 수
일곱 ·	· 7 ·	· 5보다 1 작은 수
첫째 ·	· 4 ·	· 1~9 중 가장 작은 수

3 수로 나타내었을 때 작은 것부터 차례대로 써 보세요.

> 다섯째   0   팔   아홉   2

(   )

4 8명의 사람들이 버스를 타기 위해 한 줄로 서 있습니다. ☐ 안에 알맞은 수를 써넣으세요.

(1) 첫째 앞에는 ☐ 명이 서 있습니다.

(2) 셋째와 여덟째 사이에는 ☐ 명이 서 있습니다.

5 봄이네 가족은 박물관에 갔습니다. 입장권을 사려고 매표소에 가 보니 첫 번째 매표소에는 2명이 줄을 서 있고 두 번째 매표소에는 5명이 줄을 서 있습니다. 어느 매표소에 줄을 서야 더 빨리 표를 살 수 있을까요? 왜 그렇게 생각하는지 써 보세요.

6 냉장고에 우유 4개, 요구르트 8개가 있었습니다. 어머니가 냉장고에 우유를 하나 더 넣으셨고, 동생이 요구르트를 하나 꺼내 먹었습니다. 냉장고에 우유와 요구르트가 각각 몇 개 있는지, 어느 것이 더 많은지 써 보세요.

7 1학년 3반 친구들은 동화책을 한 권 읽을 때마다 스티커를 한 장 받습니다. 3월 한 달 동안 스티커를 봄이는 3개, 여름이는 8개, 가을이는 6개 받았습니다. 스티커를 많이 모은 친구부터 순서대로 이름을 쓰고, 왜 그렇게 생각하는지 써 보세요.

43

2 우리 주변에서 여러 가지 모양을 찾아볼까요?

여러 가지 모양

★ 우리 주변에서 , , 모양을 찾고 분류할 수 있어요.

★ , , 모양을 이용하여 여러 가지 모양을 만들 수 있어요.

☑ Check

스스로 다짐하기

☐ 말한 것, 생각한 것을 글로 꼭 써 보세요.

☐ 정답만 쓰지 말고 이유도 꼭 써 보세요.

☐ 익숙하게 빨리 하는 것도 필요해요.

☐ 빨리 하는 것도 중요하지만, 자세하고 정확하게 하는 것이 더 중요해요.

★ 한글을 읽지 못하는 학생을 위하여 부모님께서 문제를 읽어 주세요.

꼬리에 꼬리를 무는 개념 ✦

• 여러 방향에서
물체를 보고 차이점 비교하기
• 기본 도형의 공통점과
차이점 알아보기
• 기본 도형을 이용하여
여러 가지 모양 구성하기

여러 가지 모양

• □, △, ◯ 모양 찾기
• □, △, ◯ 모양 분류하기
• □, △, ◯ 모양으로
여러 가지 모양 꾸미기

1-1-2

누리과정

1-2-3

여러 가지 모양

• ▱, ▮, ● 모양 찾기
• ▱, ▮, ● 모양 분류하기
• ▱, ▮, ● 모양 알아보기
• ▱, ▮, ● 모양으로
만들기

스스로 계획 짜기 ✏️

1일차	2일차	3일차	4일차	5일차
____월 ____일	____월 ____일	____월 ____일	____월 ____일	____월 ____일

6일차	7일차	8일차
____월 ____일	____월 ____일	____월 ____일

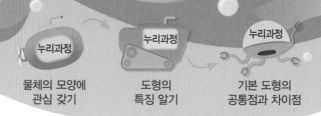

누리과정
물체의 모양에
관심 갖기

누리과정
도형의
특징 알기

누리과정
기본 도형의
공통점과 차이점

1 친구들은 무엇을 하고 있나요?

바닥에 있는 테이프를 뭉쳐서 (   )을 만들고 있습니다.

2 가을이는 어디에 있나요?

가을

가을이가 (   ) 안에 있습니다.

3 잘 굴러가는 것에 모두 ○표 해 보세요.

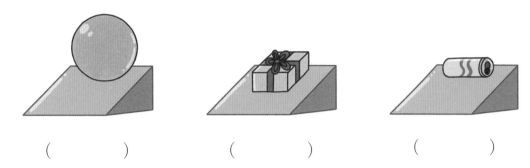

(   )   (   )   (   )

4 잘 쌓을 수 있는 것에 ○표 해 보세요.

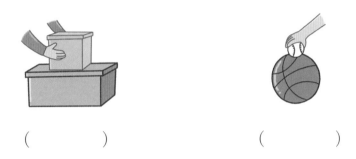

(   )   (   )

5 모양이 같은 것끼리 이어 보세요.

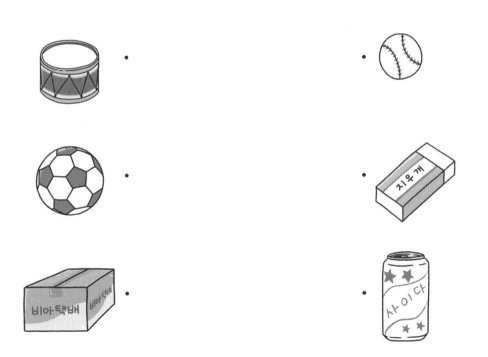

1 알맞은 붙임 딱지를 찾아 빈 곳에 붙여 보세요. 붙임 딱지 사용

(1)

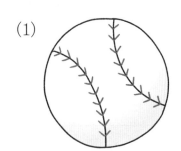

➡ 은 [   ] 모양입니다.

(2)

➡ 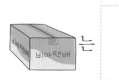는 [   ] 모양입니다.

(3)

➡ 은 [   ] 모양입니다.

2 축구공, 음료수 캔, 상자를 그려 보세요.

축구공	음료수 캔	상자

3 축구공, 음료수 캔, 상자가 어떻게 생겼는지 써 보세요.

축구공	
음료수 캔	
상자	

4 축구공, 음료수 캔, 상자 모양이 아닌 물건은 어떤 것이 있는 그려 보세요.

여러 가지 모양 찾기

1 집에서 ⬡, ⬢, ⚫ 모양의 물건을 찾아 그려 보세요.

⬡	
⬢	
⚫	

2 교실에서 ⬡, ⬢, ⚫ 모양의 물건을 찾아 써 보세요.

모양	이름
⬡	
⬢	
⚫	

3 만든 모양을 보고 ⬜ 모양은 초록색 색연필로, ⬛ 모양은 빨간색 색연필로, ⚪ 모양은 노란색 색연필로 ○표 해 보세요.

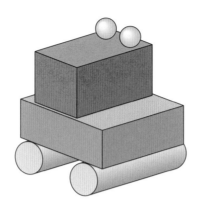

4 만든 모양을 보고 ⬜ 모양은 초록색, ⬛ 모양은 빨간색, ⚪ 모양은 노란색으로 색칠해 보세요.

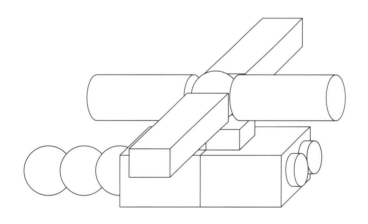

5 어떤 모양을 이용한 것인지 찾아 ○표 해 보세요.

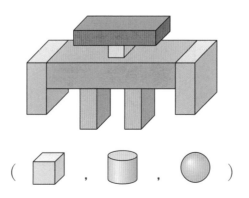

(⬜ , ⬛ , ⚪)

여러 가지 모양 알아보기

1 같은 모양끼리 이어 보세요.

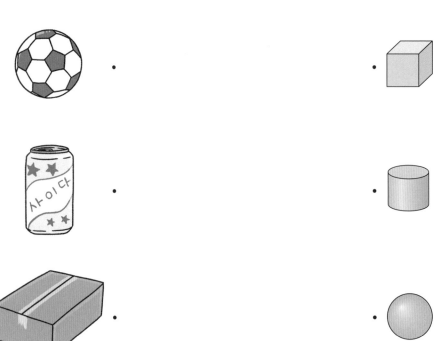

2 ⬜, ⬛, 🔵과 같은 모양이 되도록 그림을 완성해 보세요.

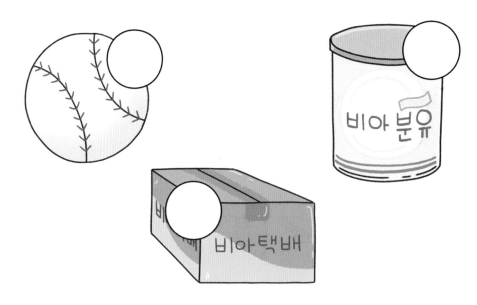

3 친구들이 말하는 모양을 모두 찾아 알맞은 붙임 딱지를 붙여 보세요. 붙임 딱지 사용

(1)
> 이 모양은
> 어느 방향으로든 잘 굴러가.

(2)
> 이 모양은 눕히면 잘 굴러가.

(3)
> 이 모양은 잘 쌓을 수 있어.

(4)
> 이 모양은 뾰족한 부분이 있어.

4  모양을 굴리거나 쌓으면 어떻게 되는지 써 보세요.

여러 가지 모양 만들기

1 만든 모양을 보고 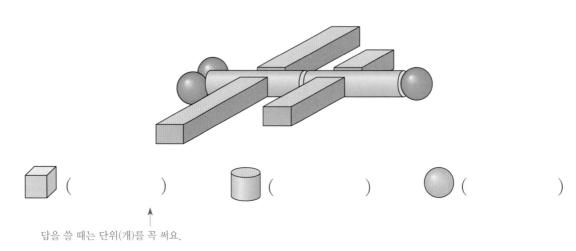 , , 모양을 각각 몇 개 사용했는지 세어 보세요.

( ) ( ) ( )

답을 쓸 때는 단위(개)를 꼭 써요.

2 여러가지 모양의 붙임 딱지를 이용하여 나만의 모양을 만들어 보세요. 붙임 딱지 사용

(1) 모양 **3**개, 모양 **3**개, 모양 **3**개로 나만의 모양을 만들어 보세요.

(2) 무엇을 만들었나요?

( )

3 여러가지 모양의 붙임 딱지를 이용하여 좋아하는 동물을 만들어 보세요. 붙임 딱지 사용

(1) ⬜, ⬛, ⚫ 모양을 이용하여 좋아하는 동물을 만들어 꾸며 보세요.

(2) 모양을 각각 몇 개씩 사용했는지 세어 보세요.

(   )   단위   (   )   (   )

(3) 어떤 동물을 만들었나요?

여러 가지 모양

스스로 정리 교실이나 집 주변에서 다음 모양의 물건을 더 찾아 써 보세요.

⬜ 모양: 지우개,

🟦 모양: 풀,

🔵 모양: 축구공,

개념 연결 빈칸에 알맞은 모양을 골라 ○표 해 보세요.

주제	알맞은 모양 찾기
모양 인식하기	굴릴 수 있습니다. (⬜ , 🟦 , 🔵)
	쌓을 수 있습니다. (⬜ , 🟦 , 🔵)
	모서리가 뾰족하여 찔릴 수 있습니다. (⬜ , 🟦 , 🔵)
	모든 면이 둥그렇습니다. (⬜ , 🟦 , 🔵)

---

1 ⬜, 🟦, 🔵 모양의 수를 세고, 질문에 대한 답을 친구에게 설명해 보세요.

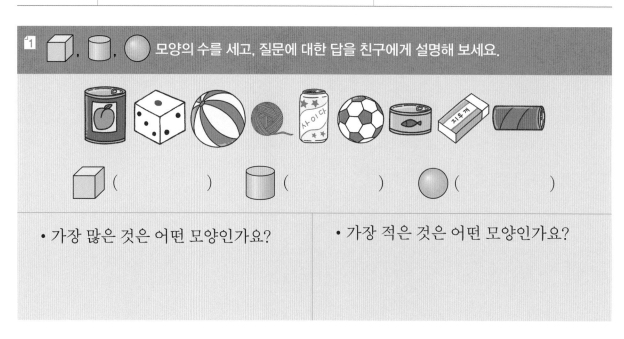

⬜ (   )   🟦 (   )   🔵 (   )

• 가장 많은 것은 어떤 모양인가요?	• 가장 적은 것은 어떤 모양인가요?

1 각 모양의 특징을 설명해 보세요.

🔲 모양	🔵 모양	⚪ 모양

2 🔲 모양은 초록색, 🔵 모양은 빨간색, ⚪ 모양은 파란색 색연필로 ○표 하고 왜 그렇게 했는지 설명해 보세요.

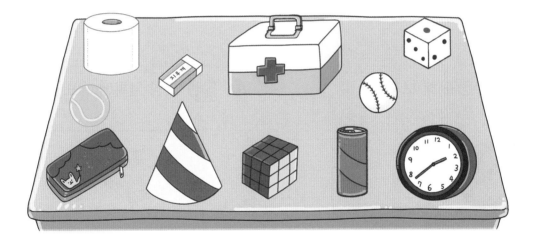

여러 가지 도형은
이렇게 연결돼요

도형의
공통점과 차이점

여러 가지
입체도형

여러 가지
평면도형

쌓기나무

57

1 보이는 모양을 보고 알맞게 이어 보세요.

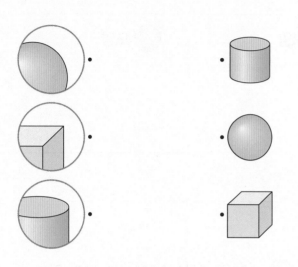

3 나머지와 <u>다른</u> 모양 하나를 찾아보세요.

(   )

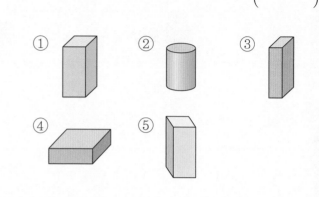

2 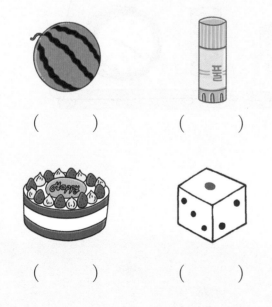 모양에 ○표 해 보세요.

(   )   (   )

(   )   (   )

4 모양 블록에 ○표 해 보세요.

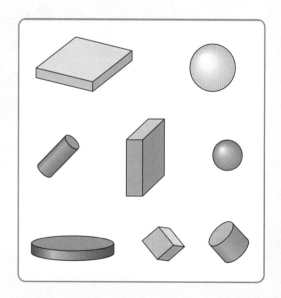

5 모양을 만드는 데 이용되지 <u>않은</u> 모양에 ×표 해 보세요.

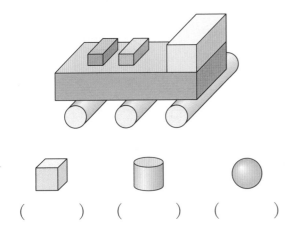

(   ) (   ) (   )

7 ⬭ 모양을 <u>잘못</u> 설명한 것은 어느 것일까요? (   )

① 음료수 캔의 모양과 같습니다.
② 잘 쌓을 수 있습니다.
③ 뾰족한 부분이 있습니다.
④ 굴릴 수 있습니다.
⑤ 평평한 부분이 있습니다.

6 ⬛, ⬭, ⬤ 모양의 수를 세어 써 보세요.

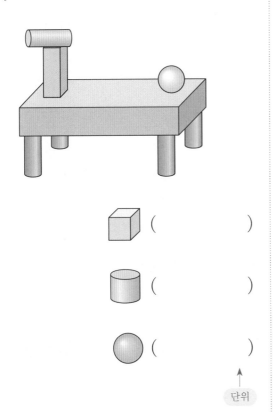

⬛ (   )

⬭ (   )

⬤ (   )

↑ 단위

8 여러 가지 모양의 물건을 이용하여 쌓기 놀이를 하려고 합니다. 쌓기 어려운 물건은 무엇인지 찾아 ○표 하고 그 이유를 써 보세요.

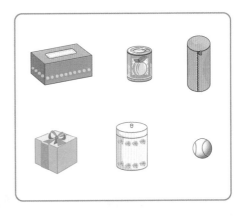

이유 _____

_____

1 같은 모양끼리 모아 기호를 써 보세요.

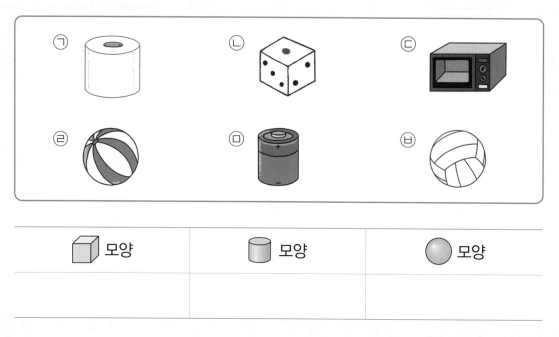

🔲 모양	🔵 모양	⚪ 모양

2 가장 많이 이용한 모양과 가장 적게 이용한 모양의 개수는 몇 개 차이가 날까요? 어떻게 알 수 있는지 써 보세요.

(   )

이유 _____

_____

3 왼쪽 그림에서 보이는 모양을 보고 알맞은 모양에 ○표 해 보세요.

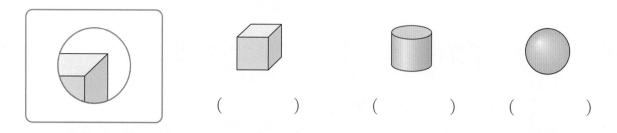

(   )   (   )   (   )

4 ⬜, 🥫, ⚫ 모양들의 생김새와 굴리고 쌓았을 때의 특징을 써 보세요.

5 ⬜, 🥫, ⚫ 모양의 수를 세어 써 보세요.

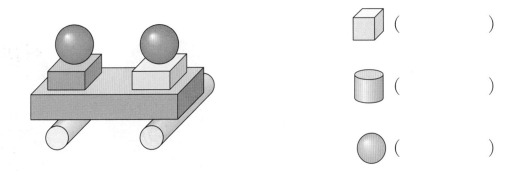

⬜ (　　　　)

🥫 (　　　　)

⚫ (　　　　)

6 왼쪽의 모양을 모두 사용하여 만들 수 있는 모양을 찾아 선으로 이어 보세요.

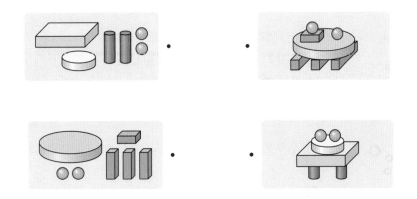

3 우리 반 친구들은 모두 몇 명인가요?

덧셈과 뺄셈

✴ 한 자리 수의 덧셈과 뺄셈을 할 수 있어요.

✴ 덧셈이나 뺄셈을 할 때 여러 가지 방법으로 할 수 있어요.

☑ Check

**스스로
다짐하기**

☐ 말한 것, 생각한 것을 글로 꼭 써 보세요.

☐ 정답만 쓰지 말고 이유도 꼭 써 보세요.

☐ 익숙하게 빨리 하는 것도 필요해요.

☐ 빨리 하는 것도 중요하지만, 자세하고 정확하게 하는 것이 더 중요해요.

✴ 한글을 읽지 못하는 학생을 위하여 부모님께서 문제를 읽어 주세요.

꼬리에 꼬리를 무는 개념 ✦

9까지의 수
- 9까지의 수를 세고 읽고 쓰기

1-1-3

덧셈과 뺄셈(1)
- 받아올림이 없는 (몇십몇)+(몇)
- 받아내림이 없는 (몇십몇)-(몇십몇)
- 받아내림이 없는 (몇십몇)-(몇)
- 받아내림이 없는 (몇십몇)-(몇십몇)

1-1-1

덧셈과 뺄셈
- 9까지의 수를 가르기와 모으기
- 한 자리 수의 덧셈과 뺄셈하기
- 다양한 방법으로 덧셈하기
- 다양한 방법으로 뺄셈하기

1-2-2

스스로 계획 짜기 ✏️

1일차	2일차	3일차	4일차	5일차
____월 ____일	____월 ____일	____월 ____일	____월 ____일	____월 ____일

6일차	7일차	8일차	9일차	10일차
____월 ____일	____월 ____일	____월 ____일	____월 ____일	____월 ____일

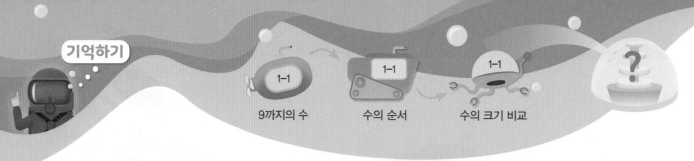

기억 1 9까지의 수

⚽	●	1 하나, 일	👨‍👩‍👧‍👦	●●●●● ●	6 여섯, 육
⛳	●●	2 둘, 이	🎈	●●●●● ●●	7 일곱, 칠
🐕	●●●	3 셋, 삼	🚗	●●●●● ●●●	8 여덟, 팔
🌳	●●●●	4 넷, 사	🐥	●●●●● ●●●●	9 아홉, 구
🌷	●●●●●	5 다섯, 오			

1 수를 세어 쓰고 두 가지 방법으로 읽어 보세요.

(1) [그림] ☐

(2) [곰 인형 4개] ☐

읽기 _____

읽기 _____

2 수만큼 색칠해 보세요.

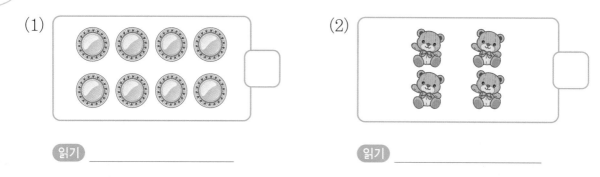

6	🍦 🍦 🍦 🍦 🍦 🍦 🍦 🍦 🍦
다섯	🍬 🍬 🍬 🍬 🍬 🍬 🍬 🍬 🍬

3 순서에 맞게 ☐ 안에 수를 써넣으세요.

☐ ☐ ☐ ☐ ☐ ☐

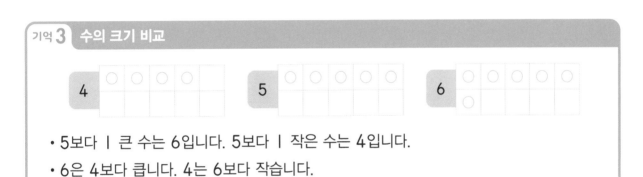

- 5보다 1 큰 수는 6입니다. 5보다 1 작은 수는 4입니다.
- 6은 4보다 큽니다. 4는 6보다 작습니다.

4 빈칸에 알맞은 수를 써넣으세요.

(1) 1 작은 수   1 큰 수

☐ ← 7 → ☐

(2) 1 작은 수   1 큰 수

☐ ← 5 → ☐

5 더 큰 수에 ○표 해 보세요.

(1) | 3 | 8 |

(2) | 6 | 4 |

우리 반 친구들은 모두 몇 명일까요?

1 1학년 1반 친구들은 봉사 활동을 하기 위해 학교 근처 공원에 모이기로 했어요.

(1) 학교 쪽에서 오는 친구들은 모두 몇 명인가요? 또 도서관 쪽에서 오는 친구들은 모두 몇 명인가요?

(2) 공원에 친구들이 모였습니다. 모인 친구들은 모두 몇 명일까요?

2 늦어서 뛰어오는 친구들이 있습니다. 친구들은 모두 몇 명인지 모으기 해 보세요.

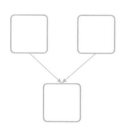

3 두 팀으로 나누어 한 팀은 윗길로, 한 팀은 아랫길로 가려고 합니다. 팀을 어떻게 나눌 수 있는지 두 가지 방법을 생각해 보고, 그때 각 팀의 수는 몇 명인지 써 보세요.

방법 1

방법 2

4 선생님께서 간식으로 과자 7개를 주셨습니다. 두 팀이 어떻게 나누어 가질 수 있는지 ◯로 묶고 수를 써넣으세요.

수 모으기

1 친구들은 모두 몇 명인지 알아보세요.

2 그림을 보고 빈 곳에 알맞은 수를 써넣으세요.

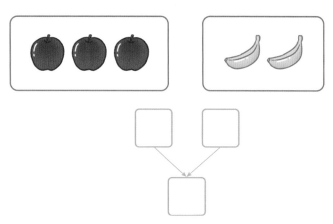

3 가을이가 가져온 음료수와 봄이가 가져온 음료수를 모두 보관용 사물함에 넣었습니다. 사물함에는 음료수가 몇 개 있는지 모으기를 해 보세요.

4 모으기를 해 보세요.

(1)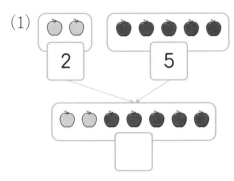

(2)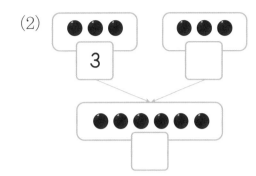

(3)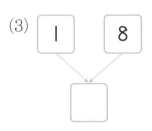

(4)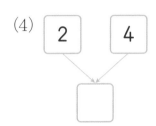

5 친구들이 교실에서 수에 맞게 모이기 놀이를 하고 있어요.

(1) 모여서 **7**이 되도록 친구들을 ⬭로 묶어 보세요.

(2) 모아서 **7**이 되는 수를 써 보세요.

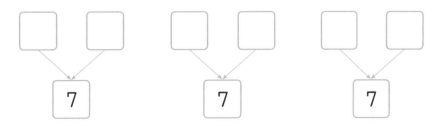

수 가르기

1 물고기 9마리를 어항 2개에 나누어 담으려고 합니다. 물음에 답하세요.

(1) 노란 물고기와 파란 물고기로 가르기 해 보세요.

(2) 큰 물고기와 작은 물고기로 가르기 해 보세요.

2 인형 5개를 상자 2개에 나누어 담으려고 합니다. 몇 개씩 담을 수 있을까요? 가르기 하여 수를 써 보세요.

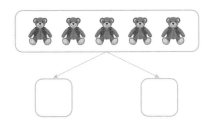
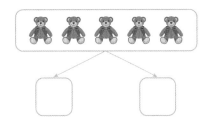

3 8을 가르기 해 보세요.

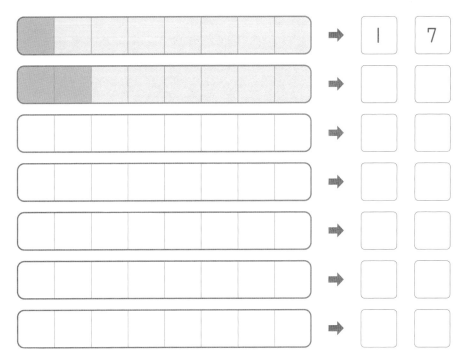

4 가르기를 해 보세요.

(1)
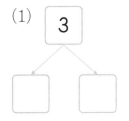

(2)
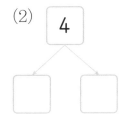

(3)
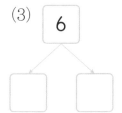

꽃밭에 나비는 모두 몇 마리인가요?

1 환경을 보호하기 위해 노력하는 사람들의 모습을 보고 어떤 모습인지 개수를 더하는
내용을 넣어 써 보세요.

2 우리가 환경 보호를 위하여 사용하는 물건들입니다. 합하여 7이 되도록 ⬭로 묶어 보세요.

(1)

(2)

3 환경을 깨끗하게 가꾸었더니 꽃밭에 곤충들이 모여듭니다. 나비는 3마리가 있었는데 6마리가 더 날아왔어요.

(1) 나비는 모두 몇 마리인가요?

(2) 문제를 해결한 방법을 그림 또는 글로 나타내어 보세요.

덧셈

개념 정리

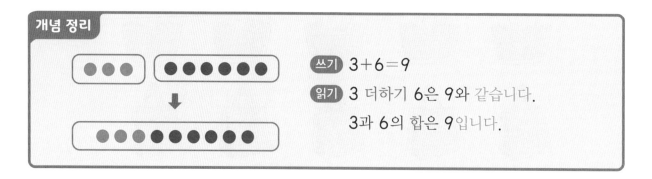

쓰기 3+6=9

읽기 3 더하기 6은 9와 같습니다.

3과 6의 합은 9입니다.

1 환경을 보호하기 위하여 자동차 대신 자전거를 타는 사람들이 있습니다. 자전거가 모두 몇 대인지 알아볼까요? 또 더하기를 어떻게 나타내는지 알아보세요.

파란색 자전거 2대와 노란색 자전거 4대를 합하면 자전거는 모두 6대입니다.

➡ 2와 4의 합은 6입니다. ➡

2		4		

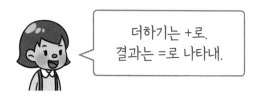

더하기는 +로,
결과는 =로 나타내.

2 모두 몇 개인지 더하기로 나타내어 보세요.

물병 **5**개에 **3**개를 더 넣으면 모두 **8**개입니다.

➡ **5** 더하기 **3**은 **8**과 같습니다. ➡

5		3		

3 덧셈식을 써 보세요.

(1)

덧셈식 _____

(2)

덧셈식 _____

여러 가지 방법으로 덧셈하기

1 토끼가 모두 몇 마리인지 알아보려고 해요.

(1) 토끼는 모두 몇 마리인가요? 어떤 방법으로 알아낼 수 있는지 써 보세요.

(2) ○를 그려 토끼의 수를 알아보세요.

(3) 두 수를 모으기 하여 토끼의 수를 알아보세요.

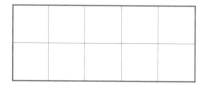

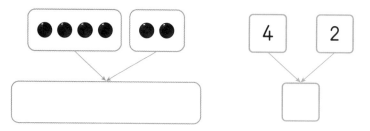

(4) 토끼의 수를 구하는 덧셈식을 써 보세요.

덧셈식 _____

2 덧셈을 해 보세요.

(1)

6+ ◻ = ◻

(2)

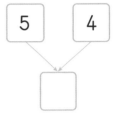

5   4

◻ + ◻ = ◻

(3)

◻ + ◻ = ◻

(4)

◻ + ◻ = ◻

개념 정리   덧셈하는 방법(5+3)

① 하나씩 세기: 하나, 둘, 셋, 넷, 다섯, 여섯, 일곱, 여덟

② 이어 세기: 오, 육, 칠, 팔

③ ○ 그리기:

○	○	○	○	○
○	○	○		

④ 모으기:

5   3

8

덧셈하기

1 0을 더하면 어떻게 되는지 알아보려고 해요.

(1) 아무것도 없을 때 어떤 수를 써야 할까요?

(   )

(2) 그림을 보고 ☐ 안에 알맞은 수를 써넣으세요.

☐ + ☐ = ☐

☐ + ☐ = ☐

(3) 어떤 수에 0을 더하거나 0에 어떤 수를 더하면 합은 어떻게 되나요?

(4) 어떤 수와 0을 더해 보세요.

$9 + 0 = $ ☐ $0 + 5 = $ ☐

2 어떤 수에 0을 더하거나 0에 어떤 수를 더하는 상황을 찾아 써 보세요.

3 덧셈을 해 보세요.

(1) 1 + 5

(2) 3 + 6

(3) 2 + 2

(4) 0 + 8

4 더해서 5가 되는 덧셈식을 만들어 보세요.

$\boxed{} + \boxed{} = 5$

$\boxed{} + \boxed{} = 5$

5 덧셈을 하고, 알게 된 점을 써 보세요.

$3+1 = \boxed{}$

$3+2 = \boxed{}$

$3+3 = \boxed{}$

$3+4 = \boxed{}$

$3+5 = \boxed{}$

알게 된 점

6 '2+6'에 알맞은 문제를 만들어 글과 그림으로 나타내고 덧셈을 해 보세요.

개념 정리　0 더하기

① (어떤 수)+0=(어떤 수)　7+0=7

② 0+(어떤 수)=(어떤 수)　0+2=2

남은 머그컵은 몇 개인가요?

1 환경 오염으로 북극곰들이 집을 잃어 가고 있습니다. 그림을 보고 두 수의 차이와 남아 있는 것에 대한 이야기를 써 보세요.

2 식당에서 손님들이 머그컵 또는 종이컵을 자유롭게 선택할 수 있도록 선반 위에 머그컵 8개, 종이컵 6개를 올려 두었어요.

(1) 머그컵은 종이컵보다 몇 개 더 많은가요?

(2) 어떻게 알 수 있었는지 그림으로 나타내거나 말로 설명해 보세요.

3 손님들은 환경을 보호하기 위해 종이컵보다 머그컵을 더 많이 사용합니다. 머그컵을 8개 올려 두었는데 손님들이 3개를 사용했어요.

(1) 남은 머그컵은 몇 개인가요?

(2) 어떻게 알 수 있었는지 그림으로 나타내거나 말로 설명해 보세요.

뺄셈

개념 정리

쓰기 $5-2=3$

읽기 5 빼기 2는 3과 같습니다.

5와 2의 차는 3입니다.

1 친구들이 몇 명 남아 있는지 알아볼까요? 또 빼기를 어떻게 나타내는지 알아보세요.

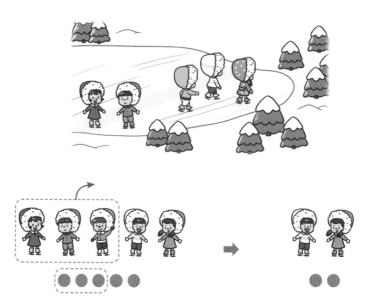

처음에 5명이 있었는데 3명이 떠나서 2명이 남았습니다.

➡ 5 빼기 3은 2와 같습니다. ➡

5		3		

빼기는 − 로,
결과는 =로 나타내.

2 이글루가 깃발보다 몇 개 더 많은지 알아보려고 해요.

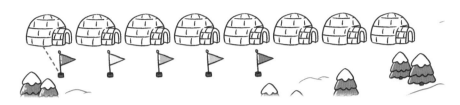

(1) 이글루와 깃발을 하나씩 선으로 연결해 보세요.

(2) 이글루가 깃발보다 몇 개 더 많은지 뺄셈식으로 나타내어 보세요.

 _____

3 관계있는 것끼리 선으로 이어 보세요.

   ·   ·   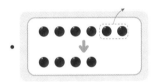   ·   · $6-2=4$

   ·   ·   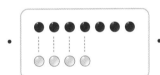   ·   · $7-4=3$

4 뺄셈식을 써 보세요.

(1)

뺄셈식 _____

(2)

뺄셈식 _____

83

여러 가지 방법으로 뺄셈하기

1 남은 컵의 수를 알아보세요.

(1) 거꾸로 세기를 하여 남은 컵의 수를 알아보세요.

$$9 \rightarrow 8 \rightarrow 7 \rightarrow 6 \rightarrow \boxed{} \rightarrow \boxed{}$$

(2) 사용한 만큼 빗금으로 지워서 남은 컵의 수를 알아보세요.

(3) 가르기를 하여 남은 컵의 수를 알아보세요.

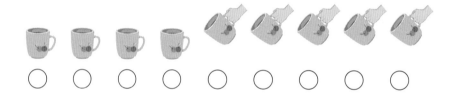

(4) 남은 컵의 수를 구하는 뺄셈식을 써 보세요.

뺄셈식 _____

2 뺄셈을 해 보세요.

(1)

◯ ┈ ◯ ┈ ◯ ┈ ◯ ┈ ◯ ┈ ◯ ┈ ◯
◯ ◯ ◯ ◯ ◯ ◯

☐ − ☐ = ☐

(2)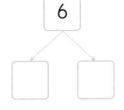

6

☐ ☐

☐ − ☐ = ☐

(3)

☐ − ☐ = ☐

(4)

☐ − ☐ = ☐

개념 정리 뺄셈하는 방법(6−2)

① 거꾸로 세기: 육, 오, 사
② 그림 지우기: ◯ ◯ ◯ ◯ ⌀ ⌀

③ 가르기:

6

2 4

뺄셈하기

1 0을 빼면 어떻게 되는지 알아보려고 해요.

(1) 빵을 하나도 먹지 않았으면 어떤 수를 빼야 할까요?

(2) 0을 빼면 남는 것은 몇일까요?

(3) 남아 있는 빵은 몇 개인지 뺄셈식을 써 보세요.

아무도
빵을 먹지 않았네.

뺄셈식 _____

(4) 0을 빼어 보세요.

$8 - 0 = \boxed{}$ $5 - 0 = \boxed{}$

2 모두 빼면 어떻게 되는지 알아보려고 해요.

(1) 7명이 빵을 하나씩 먹으면 남는 빵은 몇 개인지 뺄셈식을 써 보세요.

뺄셈식 _____

(2) 모두 빼어 보세요.

$6 - 6 = \boxed{}$ $4 - 4 = \boxed{}$

3 뺄셈을 해 보세요.

(1) 7 − 6

(2) 9 − 7

(3) 6 − 1

(4) 5 − 5

4 빼서 3이 되는 뺄셈식을 만들어 보세요.

(1) 5 − □ = 3

(2) 7 − □ = 3

5 뺄셈을 하고, 알게 된 점을 써 보세요.

> 5−3= □   6−4= □   7−5= □
>
> 8−6= □   9−7= □
>
> **알게 된 점**

6 '7−3'에 알맞은 문제를 만들어 글과 그림으로 나타내고 뺄셈을 해 보세요.

개념 정리   0 빼기

① (어떤 수)−0=(어떤 수)   6−0=6

② (어떤 수)−(어떤 수)=0   3−3=0

덧셈과 뺄셈

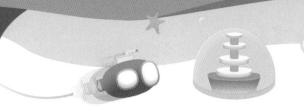

스스로 정리 ☐ 안에 수 또는 +, −, =를 알맞게 써넣으세요.

(1) 2 ☐ 7 = 9

(2) 7 − ☐ = 1

(3) 9 ☐ 6 = 3

(4) 5 + 0 = ☐

(5) 7 − ☐ = 7

(6) 0 + ☐ = 4

개념 연결 빈칸에 알맞은 수나 말을 쓰고, 크기를 비교해 보세요.

주제	빈칸을 채우거나 알맞은 말 고르기						
수를 세고 읽기	1	2				6	7	
	하나		셋		다섯		일곱		아홉
	일		삼	사		육	칠		구

크기 비교	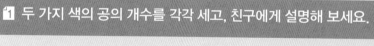 야구공은 탁구공보다 (많습니다 , 적습니다). 8은 7보다 (큽니다 , 작습니다).

---

1 두 가지 색의 공의 개수를 각각 세고, 친구에게 설명해 보세요.

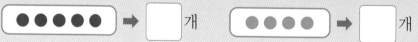
●●●●● ➡ ☐ 개   ●●●● ➡ ☐ 개

(1) 공은 모두 몇 개인가요?

(2) 빨간색 공이 파란색 공보다 몇 개 더 많은가요?

1 덧셈식을 만들고 덧셈식에 알맞은 여러 가지 이야기를 만들어 설명해 보세요.

$$\boxed{} + \boxed{} = \boxed{}$$

2 덧셈식과 뺄셈식을 만들고 식에 알맞은 이야기를 만들어 설명해 보세요.

$$\boxed{} + \boxed{} = \boxed{}$$

$$\boxed{} - \boxed{} = \boxed{}$$

덧셈과 뺄셈은
이렇게 연결돼요

9까지의 수

1-1
한 자리 수의
덧셈과 뺄셈

1-1
50까지의 수

1-2
두 자리 수의
덧셈과 뺄셈

1 모으기와 가르기를 해 보세요.

(1)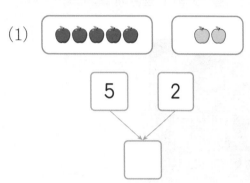

5   2

(2)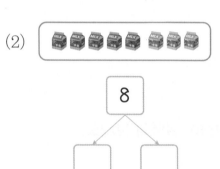

8

2 그림을 보고 알맞은 식을 써 보세요.

(1)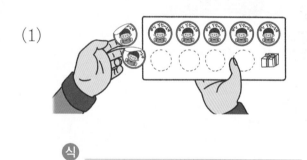

식 _____

(2)

식 _____

3 관계있는 것끼리 선으로 이어 보세요.

   ·   · 5+3=8

   ·   · 4+2=6

   ·   · 8−2=6

4 ○를 그려 덧셈을 해 보세요.

☐ + ☐ = ☐

5 ○를 지워 뺄셈을 해 보세요.

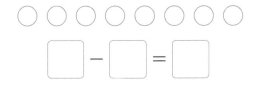

$$\boxed{} - \boxed{} = \boxed{}$$

6 덧셈과 뺄셈을 해 보세요.

(1) $3 + 4$

(2) $1 + 5$

(3) $7 - 2$

(4) $8 - 3$

(5) $6 - 0$

7 □ 안에 +, −를 알맞게 써넣으세요.

(1) $3 \boxed{} 6 = 9$

(2) $7 \boxed{} 2 = 5$

(3) $7 \boxed{} 0 = 7$

(4) $1 \boxed{} 5 = 6$

8 빈 곳에 알맞은 수를 써넣으세요.

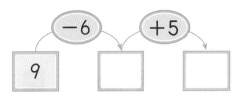

9 공책을 여름이는 6권 가지고 있고, 가을이는 4권 가지고 있습니다. 여름이는 가을이보다 공책을 몇 권 더 가지고 있나요? 알맞은 식을 쓰고 계산해 보세요.

식 _____

답 _____

10 0~7의 수를 사용하여 양쪽 수의 합이 7이 되도록 빈 곳에 알맞은 수를 써넣으세요.

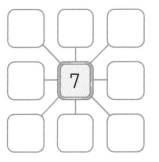

1 그림을 보고 두 가지 방법으로 가르기를 해 보세요.

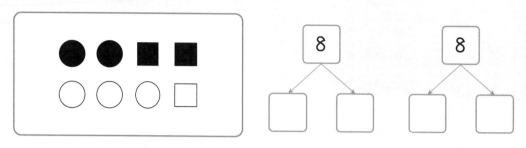

2 친구들과 차가 같은 뺄셈식을 만들고 계산해 보세요.

$$\square - \square = \square \qquad \square - \square = \square$$

3 3장의 숫자 카드를 한 번씩 모두 사용하여 덧셈식과 뺄셈식을 만들어 보세요.

$$\boxed{7} \quad \boxed{4} \quad \boxed{3}$$

덧셈식 _____   뺄셈식 _____

4 주어진 식을 보고 ㉠과 ㉡의 합을 구해 보세요.

$$4 + 3 = ㉠$$
$$8 - ㉡ = 8$$

➡ ㉠ + ㉡ = $\square$

5 버스에 2명이 타고 있었는데 이번 정류장에서 2명이 타고, 그다음 정류장에서 3명이 더 탔습니다. 지금 버스에는 몇 명이 타고 있나요?

(   )

6 봄이와 여름이는 주사위 던지기 놀이를 했습니다. 주사위를 세 번 던져서 앞의 두 수는 더하고 마지막 수는 빼는 게임입니다. 봄이는 , , 가 나오고 여름이는 , ,   이 나왔으면 누가 몇 점 차이로 이겼을까요?

이긴 사람 (   )

점수 차이 (   )

7 다음 4장의 카드 중 2장을 뽑아 차가 가장 큰 수를 만들려고 합니다. 알맞은 카드 2장을 뽑아 뺄셈식을 만들고 계산해 보세요.

5   3   6   9

뺄셈식 _____

답 _____

8 어떤 수에 2를 더해야 할 것을 잘못하여 뺐더니 4가 되었습니다. 바르게 계산한 값은 얼마인가요?

(   )

4 물건을 비교할 수 있나요?

비교하기

★ 길이, 무게, 넓이, 들이를 직접 비교할 수 있어요.

★ 물건을 비교해서 말로 표현할 수 있어요.

☑ Check

**스스로
다짐하기**

☐ 말한 것, 생각한 것을 글로 꼭 써 보세요.

☐ 정답만 쓰지 말고 이유도 꼭 써 보세요.

☐ 익숙하게 빨리 하는 것도 필요해요.

☐ 빨리 하는 것도 중요하지만, 자세하고 정확하게 하는 것이 더 중요해요.

★ 한글을 읽지 못하는 학생을 위하여 부모님께서 문제를 읽어 주세요.

꼬리에 꼬리를 무는 개념 ✦

● 일상생활에서 길이, 크기, 무게, 들이를 비교하고 순서를 지어 보기

길이 재기
● 직접 비교하기와 간접 비교하기
● 임의 단위로 길이 재기
● 표준 단위로 길이 재기
● 양감 기르기

1-1-4

누리과정

2-1-4

비교하기
● 구체물의 길이, 들이, 무게, 넓이 비교하기
● '길다, 짧다', '많다, 적다', '무겁다, 가볍다', '넓다, 좁다' 구별하기

스스로 계획 짜기 ✏️

1일차	2일차	3일차	4일차	5일차
___월 ___일	___월 ___일	___월 ___일	___월 ___일	___월 ___일

6일차	7일차	8일차
___월 ___일	___월 ___일	___월 ___일

누리과정
두 물체의
길이 비교하기

누리과정
일상에서 길이,
크기, 무게 등을
비교하기

누리과정
일상에서 길이,
크기, 무게 등의
순서 짓기

기억 1 길이, 크기, 무게, 담을 수 있는 양을 비교하기

• 길이 비교

더 길다　　더 짧다

• 크기 비교

더 크다　　　　더 작다

• 무게 비교

더 무겁다　　더 가볍다

• 담을 수 있는 양 비교

더 많다　　더 적다

1 길이, 크기, 무게, 들이를 비교하여 알맞은 것에 ○표 해 보세요.

(1) 더 짧은 연필에 ○표 해 보세요.

(2) 더 큰 사람에 ○표 해 보세요.

(3) 더 무거운 동물에 ○표 해 보세요.

(4) 더 많이 담을 수 있는 컵에 ○표 해 보세요.

• 길이 비교

가장 길다   가장 짧다

• 크기 비교

가장 크다   가장 작다

• 무게 비교

가장 무겁다   가장 가볍다

• 담을 수 있는 양 비교

가장 많다   가장 적다

2 길이, 크기, 무게, 들이를 비교하여 알맞은 것에 표시해 보세요.

(1) 가장 긴 물건에 ○표, 가장 짧은 물건에 △표 해 보세요.

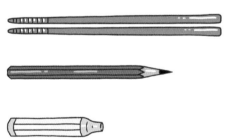

(2) 가장 큰 집은 파란색, 가장 작은 집은 빨간색으로 색칠해 보세요.

(3) 가장 무거운 물건에 ○표, 가장 가벼운 물건에 △표 해 보세요.

(4) 물이 가장 많이 들어가는 어항에 물고기를 그려 보세요.

어느 테이프가 더 길까요?

1 어느 테이프가 더 긴지 알아보세요.

(1) 둘 중 어떤 색깔의 테이프가 더 길까요?

(2) 왜 그렇게 생각하나요?

(3) 두 테이프의 길이를 비교할 수 있는 방법을 써 보세요.

2 어느 스케치북이 더 넓은지 알아보세요.

(1) 둘 중 어느 스케치북에 더 큰 그림을 그릴 수 있을까요?

(2) 왜 그렇게 생각하나요?

(3) 두 스케치북의 넓이를 비교할 수 있는 방법을 써 보세요.

두 물건의 길이나 넓이 비교하기

 볼펜과 가위의 길이를 비교해 보세요.

(1) 두 물건 중 어느 것이 더 길까요? 어떻게 비교했는지 써 보세요.

(2) 한쪽 끝을 맞추어 어느 것이 더 긴지 비교해 보고 빈칸에 알맞은 말을 써넣으세요.

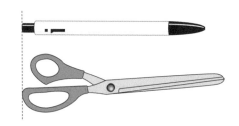

| | 은/는 | | 보다 더 깁니다.

| | 은/는 | | 보다 더 짧습니다.

개념 정리 두 물건의 길이를 비교하고 말로 표현하기

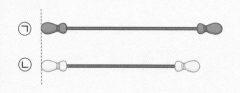

한쪽 끝을 맞추어서 길이를 비교합니다.

• ㉠은 ㉡보다 더 깁니다.

• ㉡은 ㉠보다 더 짧습니다.

2 수학책과 수첩의 넓이를 비교해 보세요.

(1) 수학책과 수첩 중 어느 것이 더 넓을까요? 어떻게 비교했는지 써 보세요.

(2) 한쪽 끝을 맞추어 겹치고, 어느 것이 더 넓은지 비교하여 빈칸에 알맞은 말을 써넣으세요.

☐ 은/는 ☐ 보다 더 넓습니다.

☐ 은/는 ☐ 보다 더 좁습니다.

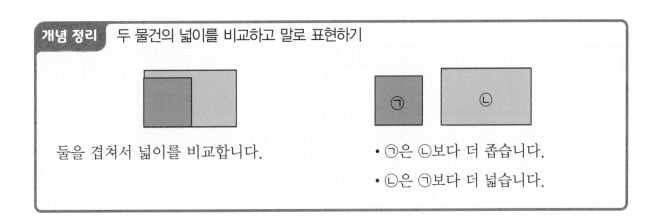

개념 정리 두 물건의 넓이를 비교하고 말로 표현하기

둘을 겹쳐서 넓이를 비교합니다.

• ㉠은 ㉡보다 더 좁습니다.
• ㉡은 ㉠보다 더 넓습니다.

여러 가지 물건의 길이나 넓이 비교하기

 연필, 지우개, 풀의 길이를 비교해 보세요.

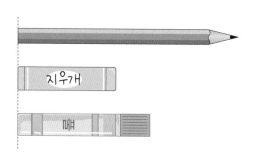

(1) 가장 긴 것과 가장 짧은 것은 무엇인가요?

가장 긴 것 (   ), 가장 짧은 것 (   )

(2) 세 물건의 길이를 비교하기 위해서 어떤 말을 사용할 수 있는지 써 보세요.

(3) 주어진 말들을 넣어 세 물건의 길이를 비교해 보세요.

더 길다   더 짧다   가장 길다   가장 짧다

개념 정리 세 물건의 길이를 비교하고 말로 표현하기

- 연필이 가장 깁니다.
- 클립이 가장 짧습니다.

2 달력, 우표, 엽서의 넓이를 비교해 보세요.

(1) 가장 넓은 것과 가장 좁은 것은 무엇인가요?

　　　가장 넓은 것 (　　　　　　　　　　　), 가장 좁은 것 (　　　　　　　　　　)

(2) 세 물건의 넓이를 비교하기 위해서 어떤 말을 사용할 수 있는지 써 보세요.

(3) 주어진 말들을 넣어 세 물건의 넓이를 비교해 보세요.

> 더 넓다　　더 좁다　　가장 넓다　　가장 좁다

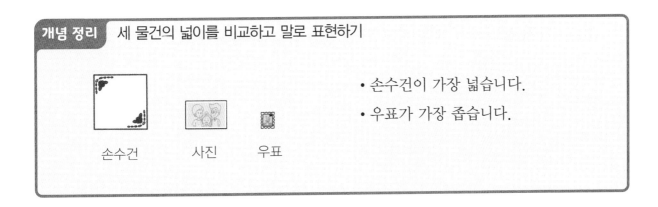

개념 정리　세 물건의 넓이를 비교하고 말로 표현하기

손수건　　사진　　우표

- 손수건이 가장 넓습니다.
- 우표가 가장 좁습니다.

책가방과 축구공 중 어느 것이 더 무거울까요?

1 책가방과 축구공 중 어느 것이 더 무거운지 알아보세요.

(1) 둘 중 어느 것이 더 무거울까요?

(2) 그렇게 생각한 이유는 무엇인가요?

(3) 두 가지 물건의 무게를 비교할 수 있는 방법을 써 보세요.

2 어느 병에 더 많이 물이 담기는지 알아보세요.

(1) 둘 중 어느 물병에 물이 더 많이 들어갈까요?

(2) 그렇게 생각한 이유는 무엇인가요?

(3) 어느 병에 물이 더 많이 들어가는지 알 수 있는 방법을 써 보세요.

두 물건의 무게나 담을 수 있는 양 비교하기

 가위와 연필의 무게를 비교해 보세요.

(1) 둘 중 어느 것이 더 무거울까요? 그렇게 생각한 이유는 무엇인지 써 보세요.

(2) 양팔저울을 이용하여 어느 것이 더 무거운지 비교해 보고 빈칸에 알맞은 말을 써넣으세요.

$\boxed{}$ 은/는 $\boxed{}$ 보다 더 무겁습니다.

$\boxed{}$ 은/는 $\boxed{}$ 보다 더 가볍습니다.

개념 정리 두 물건의 무게를 비교하고 말로 표현하기

양팔저울을 이용하여 무게를 비교합니다.
- 야구공은 탁구공보다 더 무겁습니다.
- 탁구공은 야구공보다 더 가볍습니다.

2 주전자와 냄비 중에서 어느 것에 더 많이 담을 수 있는지 비교해 보세요.

(1) 주전자와 냄비 중 어느 것에 물을 더 많이 담을 수 있을까요? 그렇게 생각한 이유는 무엇인지 써 보세요.

(2) 주전자에 물을 가득 담아 냄비에 옮겨 담았을 때 냄비에 물이 가득 차지 않았습니다. 어느 쪽에 물을 더 많이 담을 수 있는지 비교해 보고 빈칸에 알맞은 말을 써넣으세요.

☐ 은/는 ☐ 보다 담을 수 있는 양이 더 많습니다.

☐ 은/는 ☐ 보다 담을 수 있는 양이 더 적습니다.

개념 정리 두 물건에 담을 수 있는 물의 양을 비교하고 말로 표현하기

㉠   ㉡

물통의 크기를 비교합니다.

• ㉠이 ㉡보다 물을 더 많이 담을 수 있습니다.

• ㉡이 ㉠보다 물을 더 적게 담을 수 있습니다.

여러 가지 물건의 무게나 담을 수 있는 양 비교하기

1 자전거, 비행기, 자동차의 무게를 비교해 보세요.

(1) 가장 무거운 것과 가장 가벼운 것은 무엇인가요?

가장 무거운 것 (　　　　　　　　　　), 가장 가벼운 것 (　　　　　　　　　　)

(2) 세 물건의 무게를 비교하기 위해서 어떤 말을 사용할 수 있는지 써 보세요.

(3) 주어진 말들을 넣어 자전거, 비행기, 자동차의 무게를 비교해 보세요.

더 무겁다　　더 가볍다　　가장 무겁다　　가장 가볍다

개념 정리 세 물건의 무게를 비교하고 말로 표현하기

• 리코더가 가장 가볍습니다.
• 피아노가 가장 무겁습니다.

2 컵, 욕조, 양동이에 담을 수 있는 양을 비교해 보세요.

(1) 담을 수 있는 양이 가장 많은 것과 가장 적은 것은 무엇인가요?

가장 많은 것 (   ), 가장 적은 것 (   )

(2) 세 물건에 담을 수 있는 양을 비교하기 위해서 어떤 말을 사용할 수 있는지 써 보세요.

(3) 주어진 말들을 넣어 세 물건에 담을 수 있는 양을 비교해 보세요.

더 많다   더 적다   가장 많다   가장 적다

개념 정리 세 물건에 담을 수 있는 양을 비교하고 말로 표현하기

㉠에 담을 수 있는 양이 가장 많습니다.
㉢에 담을 수 있는 양이 가장 적습니다.

스스로 정리 관계있는 것끼리 이어 보세요.

길이	•	•	넓다 / 좁다
무게	•	•	길다 / 짧다
넓이	•	•	많다 / 적다
담을 수 있는 양	•	•	무겁다 / 가볍다

개념 연결 (   ) 안에 알맞은 말을 써넣으세요.

주제	빈칸 채우기
키 비교	여름이가 어머니, 아버지와 나란히 서 있습니다. • 가장 큰 사람은 누구인가요? ( ) • 가장 작은 사람은 누구인가요? ( ) 여름
넓이 비교	책상에 그림책과 공책, 도화지가 있습니다. • 가장 넓은 것은 무엇인가요? ( ) • 가장 좁은 것은 무엇인가요? ( ) 그림책 공책 도화지

---

1 세 친구의 손 뼘의 길이를 비교하고 비교한 결과를 친구에게 편지로 설명해 보세요.

> • 봄이의 손 뼘의 길이는 가을이의 손 뼘의 길이보다 짧습니다.
> • 가을이의 손 뼘의 길이는 겨울이의 손 뼘의 길이보다 짧습니다.

1 수학책과 공책, 수첩을 포개었습니다. ☐ 안에 알맞은 말을
쓰고, 설명해 보세요.

- 공책은 [   ] 보다 더 [   ].

- 수학책은 가장 [   ].

- 수첩은 [   ] 좁습니다.

2 물을 옮겨 담으면 어떻게 되는지 오른쪽 그릇에 색칠하고 설명해 보세요.

비교하기는
이렇게 연결돼요

누리
일상에서 길이,
크기, 무게, 들이
등을 비교하고
순서 짓기

1-1
길이, 무게, 넓이,
들이 등을 비교하고
말로 표현하기

2-1
표준 단위를
이용한 길이
재기

3-2
물건의 길이나
거리를 어림하고

111

1 더 긴 것에 ○표 해 보세요.

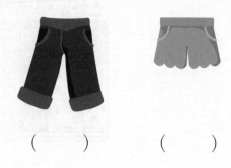

(   )   (   )

2 가장 긴 것을 찾아 기호를 써 보세요.

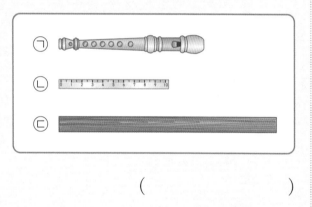

(   )

3 농구장과 축구장 중 어느 곳이 더 좁은가요?

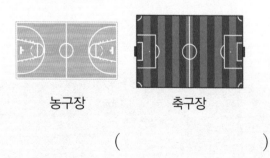

(   )

4 그림을 보고 알맞은 말에 ○표 하세요.

(1)

가을   여름

가을이가 여름이보다
더 (큽니다 , 작습니다).

(2)

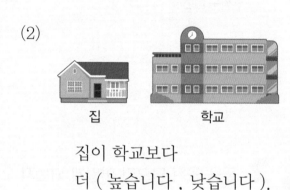

집   학교

집이 학교보다
더 (높습니다 , 낮습니다).

(3)

우산이 볼펜보다
더 (무겁습니다 , 가볍습니다).

5 가장 가벼운 것은 무엇인가요?

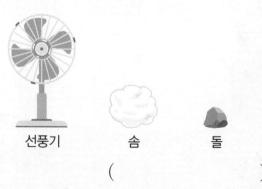

선풍기   솜   돌

(   )

6 가장 넓은 것과 가장 좁은 것은 무엇인가요?

도화지   색종이   공책

가장 넓은 것 (   )

가장 좁은 것 (   )

7 더 적게 담을 수 있는 것의 기호를 써 보세요.

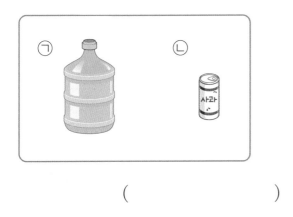

(   )

8 가장 많이 담을 수 있는 것에 ○표 해 보세요.

(   )   (   )   (   )

9 더 높은 것에 ○표 해 보세요.

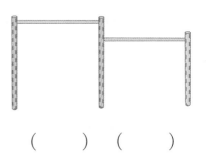

(   )   (   )

10 두 종이의 넓이를 바르게 비교한 것을 찾아보세요. (   )

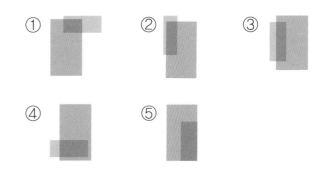

11 선을 따라 잘랐을 때 가장 넓은 것을 찾아 기호를 써 보세요.

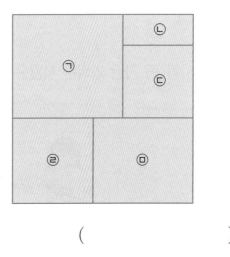

(   )

1 알맞게 이어 보세요.

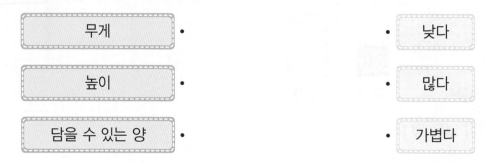

2 길이가 더 긴 줄넘기의 기호를 써 보세요.

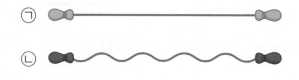

(   )

3 물이 가장 많이 담겨 있는 통의 기호를 써 보세요.

(   )

4 세 사람 중 가장 가벼운 사람은 누구인지 이름을 써 보세요.

(   )

5 다음 중 길이가 숟가락보다 더 짧은 것은 모두 몇 개인가요?

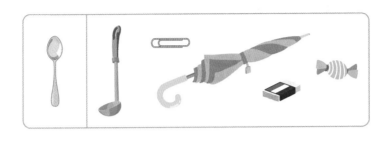

(   )

6 **잘못** 설명한 사람의 이름을 쓰고, 바르게 고쳐 보세요.

(   )   바르게 고친 문장 _____

7 봄이가 산 봉투는 어느 것인지 기호를 써 보세요.

(   )

5 수박과 참외가 몇 개인가요?

50까지의 수

* 10이 어떤 수인지 알고 읽고 쓸 수 있어요.
* 10부터 19까지의 수를 모으기와 가르기 할 수 있어요.
* 50까지의 수의 순서를 알고 수의 크기를 비교할 수 있어요.

☑ Check
**스스로
다짐하기**

☐ 말한 것, 생각한 것을 글로 꼭 써 보세요.
☐ 정답만 쓰지 말고 이유도 꼭 써 보세요.
☐ 익숙하게 빨리 하는 것도 필요해요.
☐ 빨리 하는 것도 중요하지만, 자세하고 정확하게 하는 것이 더 중요해요.

★ 한글을 읽지 못하는 학생을 위하여 부모님께서 문제를 읽어 주세요.

꼬리에 꼬리를 무는 개념

9까지의 수
- 9까지의 수를 읽고 쓰기
- 9까지 수의 순서를 이용하기
- 1 큰 수와 1 작은 수를 알기
- 0을 알고 읽고 쓰기
- 9까지의 수의 크기 비교하기

100까지의 수
- 100까지의 수를 이해하고, 수를 세고 읽고 쓰기
- 100까지의 수의 순서를 이해하고, 수의 크기 비교하기

누리과정

1-1-5

1-1-1

1-2-1

- 생활 속에서 사용하는 수의 여러 가지 의미 알기
- 스무 개가량의 구체물을 세어 보고 알아보기

50까지의 수
- 50까지의 수를 이해하고, 수를 세고 읽고 쓰기
- 50까지의 수의 순서를 이해하고, 수의 크기 비교하기

스스로 계획 짜기

1일차	2일차	3일차	4일차	5일차
___월 ___일	___월 ___일	___월 ___일	___월 ___일	___월 ___일

6일차	7일차
___월 ___일	___월 ___일

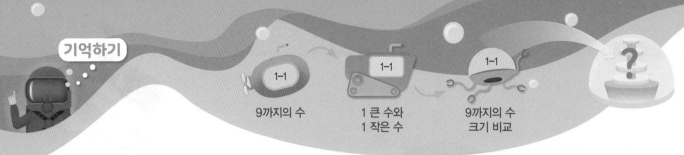

기억 1 9까지의 수

		0 영	🌷🌷🌷	●●●●●	5 다섯, 오
⚽	●	1 하나, 일	👨‍👩‍👧‍👦	●●●●● ●	6 여섯, 육
🥅	●●	2 둘, 이	🎈	●●●●● ●●	7 일곱, 칠
🐕	●●●	3 셋, 삼	🚗	●●●●● ●●●	8 여덟, 팔
🌳🌳🌳	●●●●	4 넷, 사	🐤	●●●●● ●●●●	9 아홉, 구

1 □ 안에 알맞은 수를 써넣으세요.

(1)  □

(2)  □

2 수의 순서대로 점을 이어 보세요.

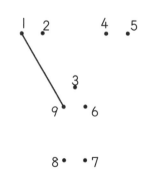

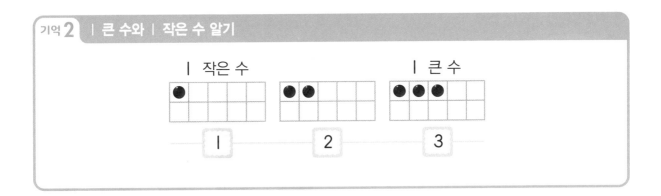

| 작은 수 | | 큰 수

3 | 큰 수와 | 작은 수를 나타내어 보세요.

(1) | 작은 수

| 큰 수

(2) | 작은 수

| 큰 수

기억 3 9까지의 수에서 두 수의 크기 비교하기

5는 7보다 작습니다. ➡ 7은 5보다 큽니다.

4 두 수의 크기를 비교해 보세요.

☐ 은/는 ☐ 보다 큽니다.

☐ 은/는 ☐ 보다 작습니다.

수박이 몇 개인가요?

1 수박이 몇 개인지 세어 보려고 해요.

(1) 수박의 수만큼 ○를 그려 보세요.

(2) 수박의 수를 세어 보세요.

(3) 다른 방법으로 수박의 수를 세어 보세요.

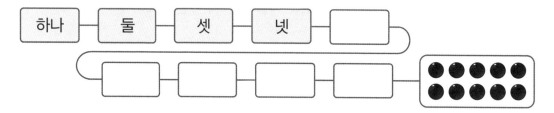

2 수를 순서대로 쓰려고 해요.

(1) 빈칸에 알맞은 수를 써 보세요.

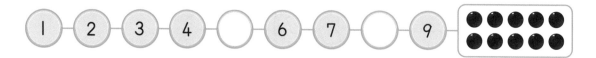

(2) 9 다음에 들어갈 수를 무엇이라고 하면 좋을까요?

3 꽃의 수를 ●로 나타내어 보세요.

(1) 빈칸에 ●를 그려 꽃의 수를 나타내어 보세요.

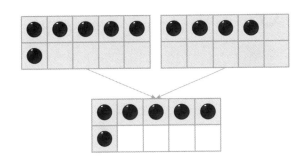

(2) ●를 몇 개 그리는지 어떻게 알 수 있었나요?

4 꽃의 수를 ●로 나타내어 보세요.

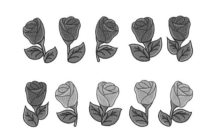

(1) 빈칸에 ●를 그려 꽃의 수를 나타내어 보세요.

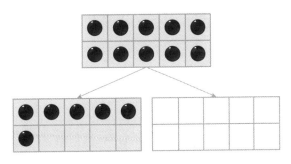

(2) ●를 몇 개 그리는지 어떻게 알 수 있었나요?

10 알아보기

개념 정리 | 10 알아보기

10

십 열

9보다 1 큰 수를 10이라고 합니다.

1 몇 개인지 세어 보세요.

(1)  ➡ ☐ 개

(2)  ➡ ☐ 개

(3) (2)의 복숭아는 (1)의 복숭아보다 몇 개 더 많나요?

( )

2 8 다음 수를 써 보세요.

3 8 다음 수를 읽어 보세요.

(1)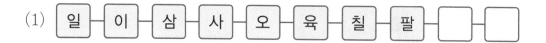

(2)

4 모으기를 해 보세요.

(1) 빈칸에 알맞은 수를 써 보세요.

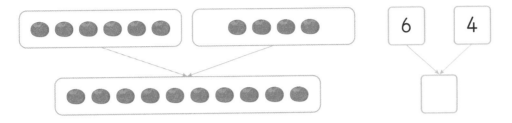

(2) 수를 이어 세어 모으기를 해 보세요.

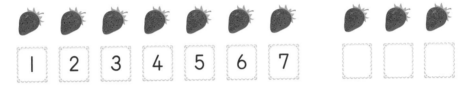

5 가르기를 해 보세요.

6 10을 여러 가지 방법으로 가르기 해 보세요.

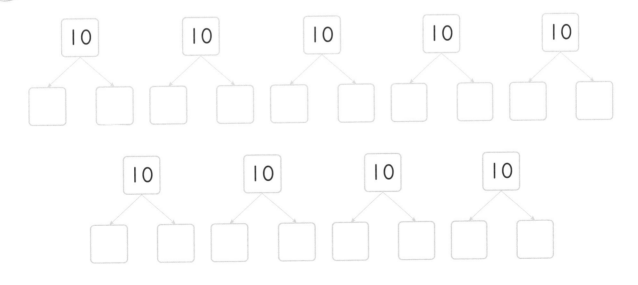

참외가 몇 개인가요?

1 참외가 몇 개인지 세어 보려고 해요.

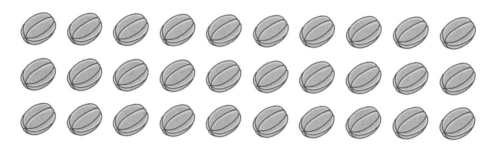

(1) 어떻게 세면 좋을지 써 보세요.

(2) 참외의 수를 세어 보세요.

2 구슬이 몇 개인지 세어 보려고 해요.

(1) 어떻게 세면 좋을지 써 보세요.

(2) 구슬의 수를 세어 보세요.

3 가운데에 있는 ●의 수보다 1 작은 수와 1 큰 수를 빈칸에 나타내어 보세요.

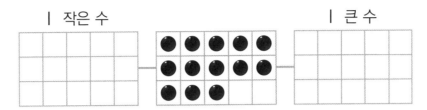

4 어느 수가 더 큰지 비교해 보세요.

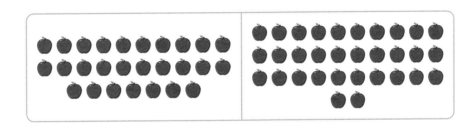

(1) 왼쪽과 오른쪽 중 어느 쪽 사과가 더 많은가요?

(2) 어떻게 알 수 있었는지 써 보세요.

1 딸기를 ◯로 10개씩 묶어 세어 보세요.

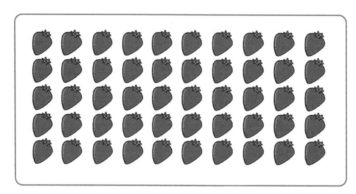

(   )

개념 정리	10개씩 묶어 세기				
묶음	10개씩 묶음 1개	10개씩 묶음 2개	10개씩 묶음 3개	10개씩 묶음 4개	10개씩 묶음 5개
수	10	20	30	40	50
읽기	십, 열	이십, 스물	삼십, 서른	사십, 마흔	오십, 쉰

2 감을 10개씩 세어 보세요.

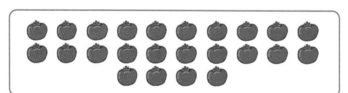

(1) 10개씩 묶음이 몇 개인가요?

(   )

(2) 10개씩 묶고 남은 낱개는 몇 개인가요?

(   )

'이십넷' 또는 '이사'라고 읽지 않도록 주의해요.

10개씩 묶음 2개와 낱개 4개를 24라고 합니다. 24는 이십사 또는 스물넷이라고 읽습니다.

3 빈칸에 알맞은 수를 써넣으세요.

(1)

(2)

4 수만큼 색칠하고, 두 수 23, 27의 크기를 비교해 보세요.

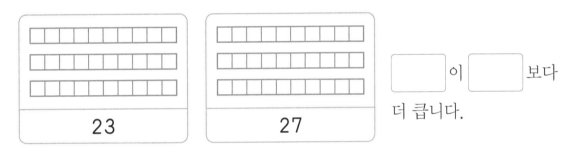

□ 이 □ 보다
더 큽니다.

5 15, 42, 39의 크기를 비교해 보세요.

(1) 수만큼 색칠해 보세요.

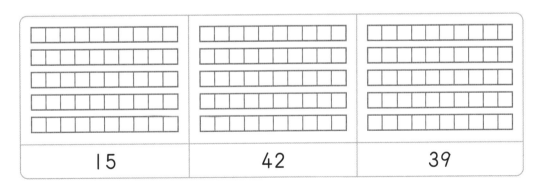

(2) 작은 수부터 순서대로 써 보세요.

(   ), (   ), (   )

50까지의 수

스스로 정리 빈칸에 알맞은 수를 써넣으세요.

① ② ③ ◯ ⑤ ◯ ⑦ ⑧ ◯ ◯

⑮ ⑯ ◯ ◯ ⑲ ◯ ◯ ㉒ ◯ ◯

㊳ ◯ ◯ ㊸ ◯ ◯ ㊹ ◯ ㊺ ◯

개념 연결 ◯를 그려 두 수의 크기를 비교하고, 세 수의 크기를 비교해 보세요.

주제	수의 크기 비교하기
수의 크기 비교	**5** ☐☐☐☐☐☐☐☐☐☐ **3** ☐☐☐☐☐☐☐☐☐☐ 5는 3보다 (큽니다 , 작습니다). 3은 5보다 (큽니다 , 작습니다). 7, 9, 6 중 가장 큰 수는 ( ), 가장 작은 수는 ( )입니다.

1 세 수 36, 29, 41의 크기를 비교한 결과를 세 가지 쓰고, 친구에게 편지로 설명해 보세요.

◉ 36은 29보다 커.

선생님 놀이

1 두 수의 크기를 비교하고, 어떻게 비교했는지 설명해 보세요.

2 고속버스 자리 배치도입니다. 빈자리에 알맞은 번호를 써 보세요. 또 20번 자리를 찾아 ○표 하고 어떻게 찾았는지 설명해 보세요.

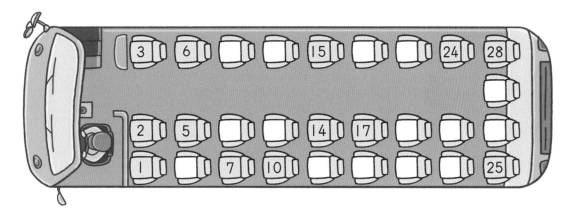

50까지의 수는 이렇게 연결돼요

 9까지의 수

 50까지의 수

 100까지의 수

 두 자리 수의 덧셈과 뺄셈

129

1 검은 구슬이 있어요.

(1) 모두 몇 개인지 써 보세요.

(   )

(2) 9보다 1 큰 수는 무엇인가요?

(   )

2 빈칸에 알맞은 수를 써넣으세요.

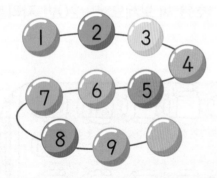

3 그림을 보고 모으기와 가르기를 해 보세요.

(1)

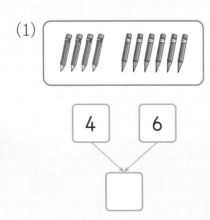

(2)

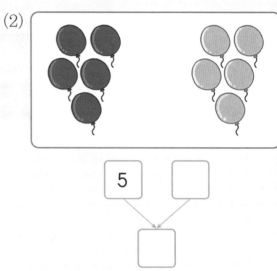

(3)

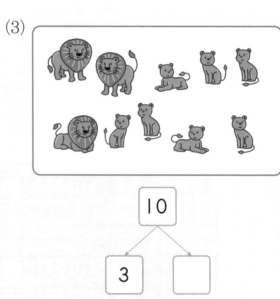

(4)

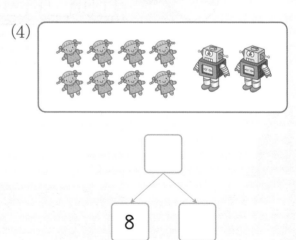

4 보기 와 같이 수를 세고 읽어 보세요.

보기

쓰기 **20**   읽기 이십, 스물

(1)

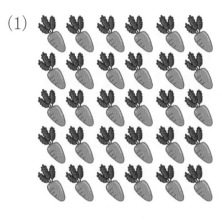

쓰기 _____   읽기 _____

(2)

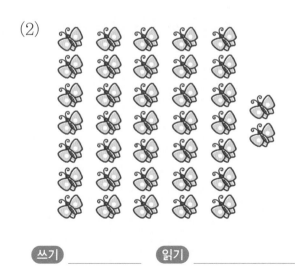

쓰기 _____   읽기 _____

5 빈칸에 알맞은 수를 써넣으세요.

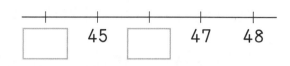

| | 45 | | 47 | 48 |

6 17과 26을 비교해 보세요.

(1) 수만큼 ◯를 그려 보세요.

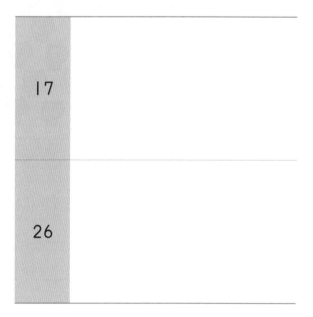

(2) 어느 수가 더 큰지 써 보세요.

(   )

1 수를 세어 쓰고 두 가지 방법으로 읽어 보세요.

(1)

쓰기 (   )

읽기 (   )

    (   )

(2)

쓰기 (   )

읽기 (   )

    (   )

(3)

쓰기 (   )

읽기 (   )

    (   )

2 바둑돌 10개로 모으기를 하려고 합니다. 어떻게 모으기 할 수 있는지 모두 써 보세요.

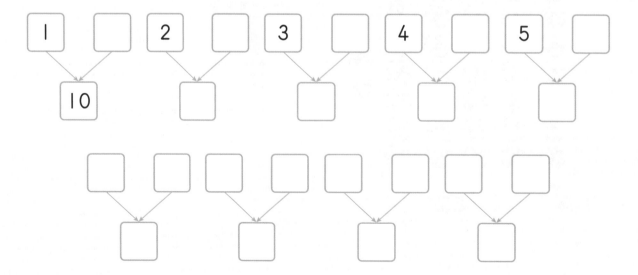

3 숫자 카드 2 , 4 , 6 , 8 이 각각 한 장씩 있습니다. 이 숫자 카드로 만들 수 있는 수 중에서 **40**보다 크고 **50**보다 작은 수를 모두 써 보세요.

( )

4 여름이는 동생과 고리 던지기 놀이를 했습니다. 여름이는 초록색 고리, 동생은 파란색 고리를 던졌습니다. 놀이가 끝난 후 기둥에 걸려 있는 고리를 모아 보니 그림과 같았어요.

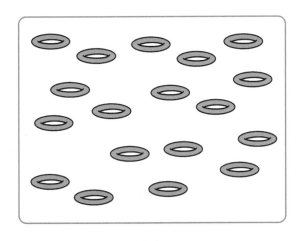
여름

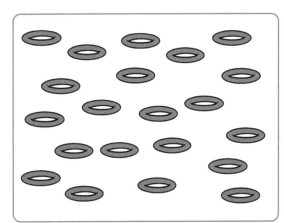
동생

(1) 기둥에 걸린 여름이와 동생의 고리는 각각 몇 개인가요?

여름 ( ), 동생 ( )

(2) 누가 고리를 더 많이 걸었나요?

( )

(3) 어떻게 알 수 있었나요?

_____

초중고 수학 개념연결 지도

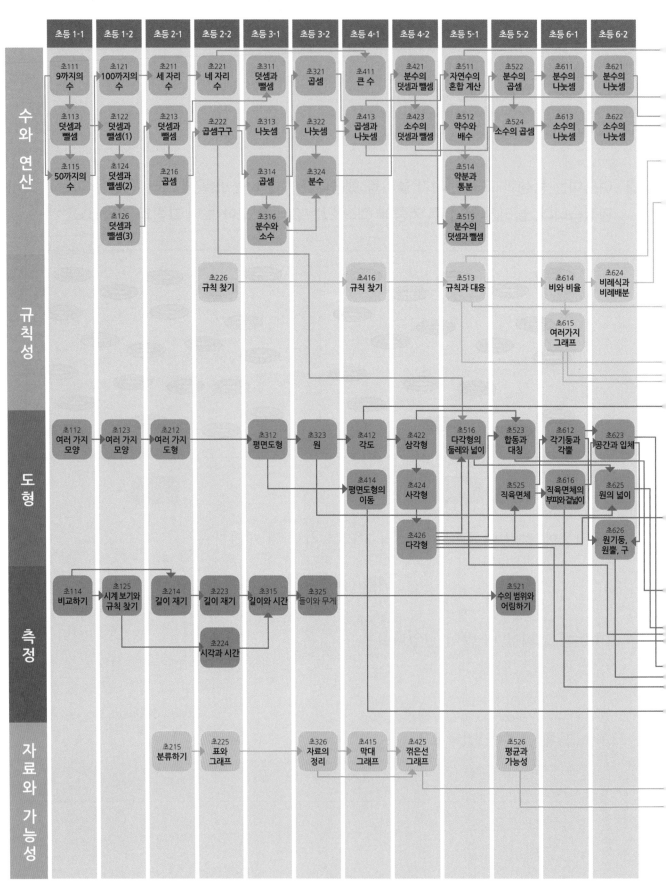

	초등 1-1	초등 1-2	초등 2-1	초등 2-2	초등 3-1	초등 3-2	초등 4-1	초등 4-2	초등 5-1	초등 5-2	초등 6-1	초등 6-2
수와 연산	초111 9까지의 수	초121 100까지의 수	초211 세 자리 수	초221 네 자리 수	초311 덧셈과 뺄셈	초321 곱셈	초411 큰 수	초421 분수의 덧셈과 뺄셈	초511 자연수의 혼합 계산	초522 분수의 곱셈	초611 분수의 나눗셈	초621 분수의 나눗셈
	초113 덧셈과 뺄셈	초122 덧셈과 뺄셈(1)	초213 덧셈과 뺄셈	초222 곱셈구구	초313 나눗셈	초322 나눗셈	초413 곱셈과 나눗셈	초423 소수의 덧셈과 뺄셈	초512 약수와 배수	초524 소수의 곱셈	초613 소수의 나눗셈	초622 소수의 나눗셈
	초115 50까지의 수	초124 덧셈과 뺄셈(2)	초216 곱셈		초314 곱셈	초324 분수			초514 약분과 통분			
		초126 덧셈과 뺄셈(3)			초316 분수와 소수				초515 분수의 덧셈과 뺄셈			
규칙성				초226 규칙 찾기			초416 규칙 찾기		초513 규칙과 대응		초614 비와 비율	초624 비례식과 비례배분
											초615 여러가지 그래프	
도형	초112 여러 가지 모양	초123 여러 가지 모양	초212 여러 가지 도형	초312 평면도형	초323 원	초412 각도	초422 삼각형	초516 다각형의 둘레와 넓이	초523 합동과 대칭	초612 각기둥과 각뿔	초623 공간과 입체
					초414 평면도형의 이동	초424 사각형			초525 직육면체	초616 직육면체의 부피와 겉넓이	초625 원의 넓이
							초426 다각형				초626 원기둥, 원뿔, 구
측정	초114 비교하기	초125 시계 보기와 규칙 찾기	초214 길이 재기	초223 길이 재기	초315 길이와 시간	초325 들이와 무게			초521 수의 범위와 어림하기		
				초224 시각과 시간							
자료와 가능성			초215 분류하기	초225 표와 그래프	초326 자료의 정리	초415 막대 그래프	초425 꺾은선 그래프			초526 평균과 가능성	

QR코드를 스캔하면
'수학 개념연결 지도'를 내려받을 수 있습니다.

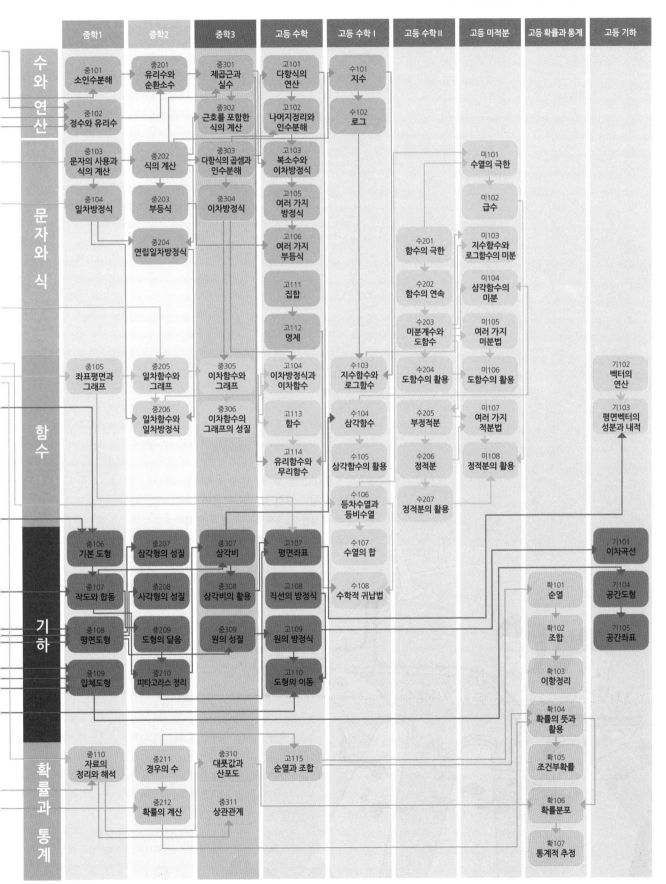

	중학1	중학2	중학3	고등 수학	고등 수학 I	고등 수학 II	고등 미적분	고등 확률과 통계	고등 기하

수와 연산

- 중101 소인수분해
- 중102 정수와 유리수
- 중201 유리수와 순환소수
- 중301 제곱근과 실수
- 중302 근호를 포함한 식의 계산
- 고101 다항식의 연산
- 고102 나머지정리와 인수분해
- 수101 지수
- 수102 로그

문자와 식

- 중103 문자의 사용과 식의 계산
- 중104 일차방정식
- 중202 식의 계산
- 중203 부등식
- 중204 연립일차방정식
- 중303 다항식의 곱셈과 인수분해
- 중304 이차방정식
- 고103 복소수와 이차방정식
- 고105 여러 가지 방정식
- 고106 여러 가지 부등식
- 고111 집합
- 고112 명제
- 미101 수열의 극한
- 미102 급수
- 미103 지수함수와 로그함수의 미분
- 미104 삼각함수의 미분
- 미105 여러 가지 미분법
- 미106 도함수의 활용

함수

- 중105 좌표평면과 그래프
- 중205 일차함수와 그래프
- 중206 일차함수와 일차방정식
- 중305 이차함수와 그래프
- 중306 이차함수의 그래프의 성질
- 고104 이차방정식과 이차함수
- 고113 함수
- 고114 유리함수와 무리함수
- 수103 지수함수와 로그함수
- 수104 삼각함수
- 수105 삼각함수의 활용
- 수106 등차수열과 등비수열
- 수201 함수의 극한
- 수202 함수의 연속
- 수203 미분계수와 도함수
- 수204 도함수의 활용
- 수205 부정적분
- 수206 정적분
- 수207 정적분의 활용
- 미107 여러 가지 적분법
- 미108 정적분의 활용
- 기102 벡터의 연산
- 기103 평면벡터의 성분과 내적

기하

- 중106 기본 도형
- 중107 작도와 합동
- 중108 평면도형
- 중109 입체도형
- 중207 삼각형의 성질
- 중208 사각형의 성질
- 중209 도형의 닮음
- 중210 피타고라스 정리
- 중307 삼각비
- 중308 삼각비의 활용
- 중309 원의 성질
- 고107 평면좌표
- 고108 직선의 방정식
- 고109 원의 방정식
- 고110 도형의 이동
- 수107 수열의 합
- 수108 수학적 귀납법
- 확101 순열
- 확102 조합
- 확103 이항정리
- 기101 이차곡선
- 기104 공간도형
- 기105 공간좌표

확률과 통계

- 중110 자료의 정리와 해석
- 중211 경우의 수
- 중212 확률의 계산
- 중310 대푯값과 산포도
- 중311 상관관계
- 고115 순열과 조합
- 확104 확률의 뜻과 활용
- 확105 조건부확률
- 확106 확률분포
- 확107 통계적 추정

'생각열기'는 내 생각을 쓰는 문제이기 때문에 답이 여러 가지일 수 있어요. 답과 해설을 참고하여 여러분의 생각과 비교하고 수정해 보세요.

수학의 미래

초등 1-1

정답과 해설

1 해설 참조

2

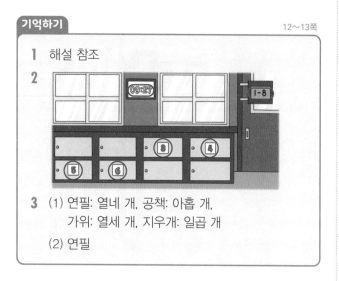

3 (1) 연필: 열네 개, 공책: 아홉 개,
　　 가위: 열세 개, 지우개: 일곱 개
　　 (2) 연필

1 예 물건의 수를 셀 때 사용합니다. / 나이를 말할 때 사용합
　 니다. / 전화를 걸 때 사용합니다. / 우리 집이 몇 호인지 말
　 할 때 사용합니다. / 시각을 말할 때 사용합니다.

3 (2) 연필이 열네 개이므로 가장 많습니다.

1 해설 참조

1 예 지난 주말 가족과 함께 공원에 갔습니다. 공원에는 나무
　 가 넷, 튤립이 다섯 있었습니다. 튤립을 자세히 보니 빨
　 간 튤립이 둘, 노란 튤립이 셋이었습니다. 운동장에는
　 축구 골대가 둘 있었고 친구 여섯이 축구공 하나로 축구
　 를 하고 있었습니다. 강아지 셋이 그 사이를 뛰어다니고
　 있었습니다. 나도 함께 축구를 하고 싶었지만 시간이 없
　 어서 하지 못했습니다. 집으로 돌아가는 길에 잔디밭을
　 보니 새 아홉이 있었고, 풍선 일곱이 하늘 위로 올라가
　 고 있었습니다. 풍선을 잡아 보려고 애썼지만 놓치고 말
　 았습니다. 차를 타기 위해 주차장에 가 보니 자동차 여
　 덟이 주차되어 있었습니다. 우리는 차를 타고 집으로 돌
　 아왔습니다. 즐거운 나들이였습니다.

선생님의 참견

유치원에서 스무 개가량의 구체물을 세어 보고 수량을 알아봤
어요. 이제 그림을 보고 몇인지 수를 넣어 이야기를
만들어 보는 활동을 해요. 흥미 있는 이야기를 꾸며
보세요.

1 (위에서부터) ●, ●●, ●●●, ●●●●, ●●●●●

2 (위에서부터) 셋, 삼 / 넷, 사 / 하나, 일 / 다섯, 오 /
　 둘, 이

3

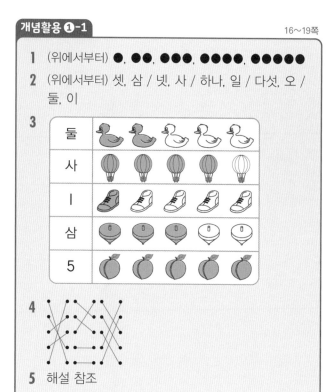

4

5 해설 참조

5 l : 예 우리 집에는 냉장고가 l개 있습니다.
　 2 : 예 간식으로 바나나 **2**개를 먹었습니다.
　 3 : 예 우리 집은 아파트 **3**층입니다.
　 4 : 예 우리 가족은 아빠, 엄마, 나, 동생 **4**명입니다.
　 5 : 예 내 책상에 책이 **5**권 있습니다.

1 (위에서부터) ●●●●●●, ●●●●●●●●,
　 ●●●●●●●●●, ●●●●●●●

2 (위에서부터) 여섯, 육 / 아홉, 구 / 여덟, 팔 / 일곱,
　 칠

3

4

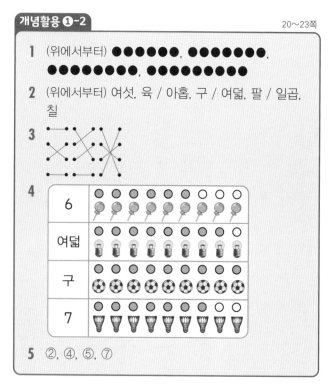

5 ②, ④, ⑤, ⑦

1 해설 참조
2 (위에서부터) 1, 7, 5, 9, 2, 6, 3, 4, 8
3 (1) 3 **읽기** 세
　 (2) 5 **읽기** 다섯
　 (3) 6 **읽기** 여섯
　 (4) 7 **읽기** 일곱
4 해설 참조

1

1	1	1	1	1	1	1
2	2	2	2	2	2	2
3	3	3	3	3	3	3
4	4	4	4	4	4	4
5	5	5	5	5	5	5

1	2	3	4	5
1	2	3	4	5
1	2	3	4	5
1	2	3	4	5

6	6	6	6	6	6	6
7	7	7	7	7	7	7
8	8	8	8	8	8	8
9	9	9	9	9	9	9

6	7	8	9
6	7	8	9
6	7	8	9
6	7	8	9

4 **예** 비아, 8, 부기, 1, 7, 3, 2, 1, 5, 4

---

1 (1) 해설 참조
　 (2) 가을, 준호, 여름, 봄, 영경, 재민, 수아, 겨울, 영우
　 (3) 1번, 3번 / 해설 참조
　 (4) 1, 2, 3, 4, 5, 6, 7, 8, 9
2 (1)

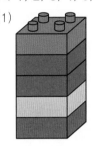

　 (2) 빨간색, 노란색, 파란색, 갈색, 보라색
　 (3) 보라색, 갈색, 파란색, 노란색, 빨간색

---

1 (1) **예** – 친구 아홉 명이 줄을 서 있습니다.
　　　 – 맨 앞에 가을이가 서 있습니다.
　　　 – 맨 마지막에 영우가 서 있습니다.
　　　 – 가을이 뒤에 준호가 서 있습니다.
　　　 – 가운데에 영경이가 서 있습니다.

　 (3) **예** 가을이에게 1번을 주어야 합니다.
　　　 가을이가 맨 앞에 있는데, 수 중에서 맨 앞에 있는
　　　 수가 1이기 때문입니다.

　　 예 여름이에게 3번을 주어야 합니다.
　　　 여름이가 셋째로 서 있는데 수 중에서 셋째는 3이
　　　 기 때문입니다.

선생님의 참견

몇째인지와 수의 순서를 연결하는 활동을 통해 수의
순서를 알고 순서와 수를 연결시킬 수 있어야 해요.

1

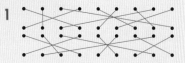

2 (1) 첫째, 넷째
   (2) 둘째, 셋째
   (3) 셋째, 둘째
   (4) 넷째, 첫째

3 (1) 2, 3, 4, 6, 7, 8, 9
   (2) 8, 6, 5, 4, 3, 2, 1

4 (1)~(2) 해설 참조

5

여섯째	🐞🐞🐞🐞🐞🐞🐞🐞🐞🐞
둘째	🐜🐜🐜🐜🐜🐜🐜🐜🐜🐜
아홉	🐑🐑🐑🐑🐑🐑🐑🐑🐑🐑
아홉째	🐛🐛🐛🐛🐛🐛🐛🐛🐛🐛

4 (1)

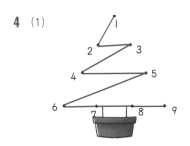

(2)

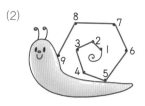

1 (1) (위에서부터) 4, 7, 2, 5
   (2)~(6) 해설 참조

1 (2) 예 – 공이 하나도 없습니다. / 아무것도 없습니다.
      – 빈 공간으로 나타냅니다. / 0으로 나타냅니다.

   (3) 예 봄이는 주황색 상자를 사야 합니다. 공의 수를 세어 보면 주황색 상자에 공이 7개로 가장 많이 들어 있기 때문입니다.

   (4) 예 – 여름이는 보라색 상자를 사야 합니다. 아무것도 없는 것이 가장 적은 것이기 때문입니다.

   (5) 예 – 초록색 상자보다 빨간색 상자에 공이 더 많이 들어 있습니다. 4는 2보다 큽니다. 2는 4보다 작습니다.

      – 파란색 상자에는 빨간색 상자보다 공이 더 많이 들어 있습니다. 5는 4보다 큽니다. 4는 5보다 작습니다.

      – 주황색 상자에는 초록색 상자보다 공이 더 많이 들어 있습니다. 7은 2보다 큽니다. 2는 7보다 작습니다.

      – 파란색 상자에는 주황색 상자보다 공이 더 적게 들어 있습니다. 5는 7보다 작습니다. 7은 5보다 큽니다.

      – 초록색 상자에는 파란색 상자보다 공이 더 적게 들어 있습니다. 2는 5보다 작습니다. 5는 2보다 큽니다.

   (6) 예 공이 3개 또는 4개 들어 있을 것 같습니다. 초록 상자에 들어 있는 공의 수인 2보다 큰 수 중 파란 상자에 들어 있는 5보다 작은 수는 3과 4이기 때문입니다.

선생님의 참견

물건의 수를 세어 보고 수의 크기를 비교하여 말해 보세요. 또 아무것도 없을 때는 어떻게 나타내면 좋을지 생각해 보세요.

1 1, 2, 4, 5, 6, 7, 9

2 (1)

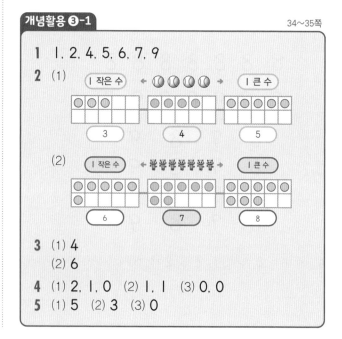

(2)

3 (1) 4
   (2) 6

4 (1) 2, 1, 0   (2) 1, 1   (3) 0, 0

5 (1) 5   (2) 3   (3) 0

1 예

적습니다에 ◯표, 작습니다에 ◯표
많습니다에 ◯표, 큽니다에 ◯표

2

큽니다에 ◯표, 작습니다에 ◯표

3 작습니다에 ◯표, 큽니다에 ◯표

4 (1) 컵에 ◯표 / 큽니다에 ◯표, 작습니다에 ◯표
(2) 왼쪽에 ◯표 / 큽니다에 ◯표, 작습니다에 ◯표

5 (1) 6에 ◯표 / 6, 2, 2, 6
(2) 8에 ◯표 / 8, 3, 3, 8

6 (1) 5, 7, 2
(2) 바나나, 키위
(3) 7, 2

스스로 정리

둘, 넷, 여섯, 일곱, 아홉 / 2, 3, 4, 7 / 삼, 오, 칠, 팔

◯◯◯◯◯

◯◯◯◯◯◯◯

작습니다에 ◯표, 큽니다에 ◯표

개념 연결

수 세기	셋, 다섯, 일곱, 여덟 / 여덟, 일곱, 다섯, 셋
크기 비교	배, 사과

1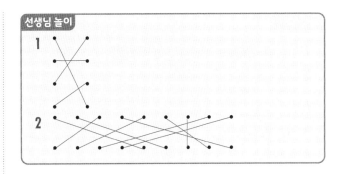

2

1 (위에서부터) **4**마리 / **5**송이 / **3**마리 / **7**송이

2 예

3 (1) 삼, 셋
(2) 팔, 여덟

4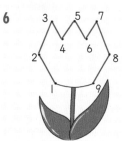

5

사 (넷)	
넷째	

6

7 6, 4, 3

8 (1) 6, 8
(2) 4, 6

9 2, 1, 0

10 (1) 9, 6 / 9, 6
(2) 3, 7 / 7, 3

□1 6 / 6, 8 / 2, 0

예 5보다 1 큰 수는 6이야.
7은 6보다 1 큰 수이고, 8보다 1 작은 수야.
1보다 1 큰 수는 2이고, 1보다 1 작은 수는 0이
야.

141

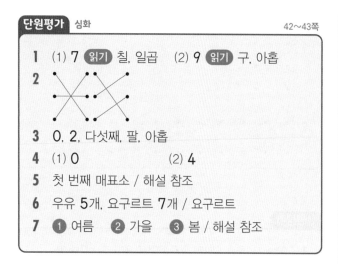

1 (1) 7 읽기 칠, 일곱   (2) 9 읽기 구, 아홉

2

3 0, 2, 다섯째, 팔, 아홉

4 (1) 0   (2) 4

5 첫 번째 매표소 / 해설 참조

6 우유 5개, 요구르트 7개 / 요구르트

7 ① 여름 ② 가을 ③ 봄 / 해설 참조

---

3 다섯째: 5, 팔: 8, 아홉: 9

4 (2) 셋째와 여덟째 사이에는 넷째, 다섯째, 여섯째, 일곱째 4명이 있습니다.

5 예 첫 번째 매표소에 2명이 줄을 서 있기 때문에 첫 번째 매표소에 줄을 서면 세 번째입니다. 두 번째 매표소에는 5명이 줄을 서 있기 때문에 두 번째 매표소에 줄을 서면 여섯 번째입니다. 세 번째는 여섯 번째보다 앞이기 때문에 첫 번째 매표소에 서야 더 빨리 표를 살 수 있습니다.

6 우유가 4개 있었는데 어머니가 우유를 하나 더 사 오셨기 때문에 우유는 5개입니다(4보다 1 큰 수는 5입니다). 요구르트가 8개 있었는데 동생이 하나 먹었기 때문에 남은 요구르트는 7개입니다(8보다 1 작은 수는 7입니다). 요구르트는 7개, 우유는 5개이고, 7은 5보다 크고, 5는 7보다 작습니다. 따라서 우유와 요구르트 중 요구르트가 더 많습니다.

7 3, 8, 6 중 가장 큰 수는 8이고 가장 작은 수는 3입니다. 큰 수부터 나열하면 8, 6, 3이므로 스티커를 가장 많이 모은 친구는 여름이, 두 번째로 많이 모은 친구는 가을이, 제일 적게 모은 친구는 봄입니다.

2단원 여러 가지 모양

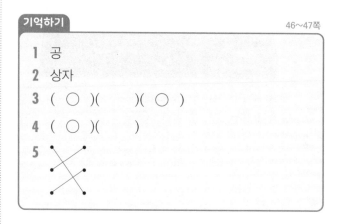

1 공

2 상자

3 (○)(   )(○)

4 (○)(   )

5

1 (1) ⬤ (2) ⬛ (3) ⬛

2 예

축구공	음료수 캔	상자

3 축구공 예 동글동글합니다.
음료수 캔 예 동글하고 길쭉합니다.
상자 예 네모 모양입니다.

4 예

선생님의 참견

주변에 있는 여러 가지 사물을 관찰하고 쌓아 보고 만져 보는 경험을 하면서 자연스럽게 여러 가지 모양을 경험해 보세요.

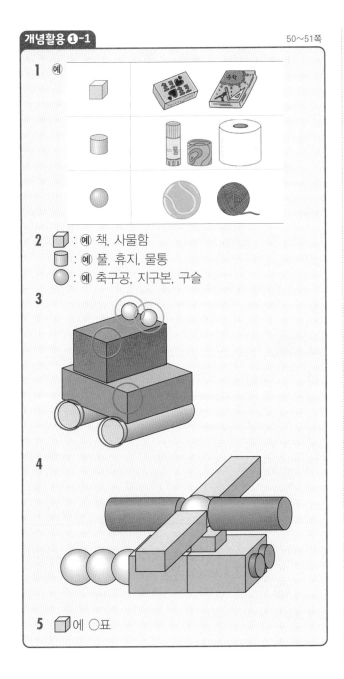

1 예

2 ⬜ : 예 책, 사물함
   ⬛ : 예 풀, 휴지, 물통
   ○ : 예 축구공, 지구본, 구슬

3

4

5 ⬜에 ○표

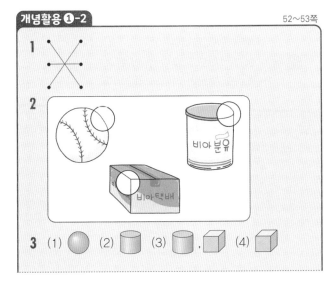

1

2

3 (1) ○   (2) ⬛   (3) ⬛, ⬜   (4) ⬜

4 ⬜ 예 잘 굴러가지는 않지만 잘 쌓을 수 있습니다.
   ⬛ 예 눕히면 잘 굴러가고 세우면 쌓을 수 있습니다.
   ○ 예 여러 방향으로 굴러가고 쌓을 수 없습니다.

1 4개, 2개, 3개

2 (1) 예

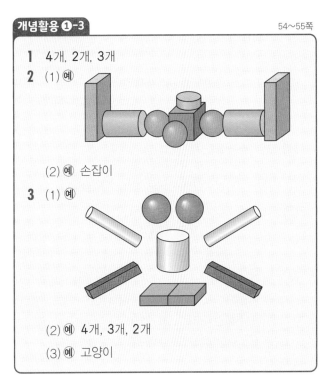

   (2) 예 손잡이

3 (1) 예

   (2) 예 4개, 3개, 2개
   (3) 예 고양이

스스로 정리

– ⬜ 모양: 필통, 책, 상자
– ⬛ 모양: 연필꽂이, 휴지통, 음료수 캔
– ○ 모양: 야구공, 지구본, 구슬

개념 연결

모양 인식하기   ⬛, ○에 ○표
              ⬜, ⬛에 ○표
              ⬜에 ○표
              ○에 ○표

1   2개 / 4개 / 3개

• ⬛ 모양이 4개로 제일 많아.

• ⬜ 모양이 2개로 제일 적어.

1 해설 참조

2

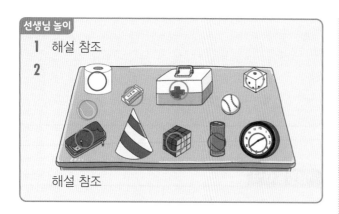

해설 참조

1 🔲 모양 ⟨예⟩ – 평평하여 굴러가지 않습니다.
  – 어디에서 보아도 네모난 모양입니다.
  – 잘 쌓을 수 있습니다.

  🔵 모양 ⟨예⟩ – 둥근 부분이 있습니다.
  – 옆으로 굴릴 수 있습니다.
  – 납작한 부분으로 쌓을 수 있습니다.

  ⚪ 모양 ⟨예⟩ – 모든 면이 둥그렇습니다.
  – 항상 잘 굴러갑니다.
  – 쌓을 수 없습니다.

2 ⟨예⟩ 주사위, 지우개, 구급함, 필통, 큐브는 🔲 모양이어서 초록색으로 ○표 했고, 휴지, 음료수 캔, 시계는 🔵 모양이어서 빨간색으로 ○표 했습니다. 또 야구공, 테니스공은 ⚪ 모양이어서 파란색으로 ○표 했습니다.

1

2 (   )(   )
   (   )(○)

3 ②

4

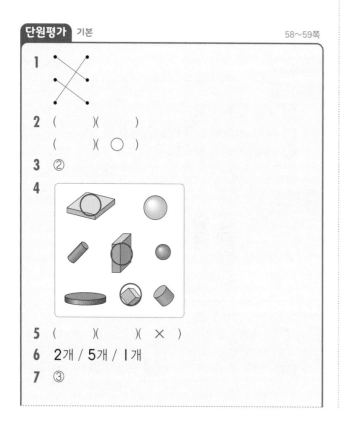

5 (   )(   )(×)

6 2개 / 5개 / 1개

7 ③

8

⟨이유⟩ ⟨예⟩ 야구공은 둥근 부분만 있어서 여러 방향으로 잘 굴러가므로 쌓을 수 없습니다.

3 ②는 둥근 부분이 있는데 다른 4개는 둥근 부분이 없습니다.

7 🔵 모양은 뾰족한 부분이 없습니다.

1 ⓒ, ⓒ / ㉠, ㉢ / ㉣, ㉺

2 3개 / 해설 참조

3 (○)(   )(   )

4 해설 참조

5 3개 / 2개 / 2개

6

2 ⟨예⟩ 🔲 모양은 4개, 🔵 모양은 5개, ⚪ 모양은 2개이므로 가장 많은 모양은 🔵 모양이고 가장 적은 모양은 ⚪ 모양입니다. 따라서 3개 차이가 납니다.

3 뾰족한 부분이 있습니다.

4 🔲 ⟨예⟩ – 뾰족한 부분이 있습니다.
  – 쌓을 수 있습니다.

  🔵 ⟨예⟩ – 평평한 부분이 있습니다.
  – 굴릴 수 있습니다.
  – 쌓을 수 있습니다.

  ⚪ ⟨예⟩ – 여러 방향으로 굴릴 수 있습니다.
  – 뾰족한 부분이 하나도 없습니다.

기억하기 64~65쪽

1 (1) **8** 읽기 팔, 여덟 (2) **4** 읽기 사, 넷

2
6	🍦 🍦 🍦 🍦 🍦 🍦 🍦 🍦 🍦 🍦
다섯	🍧 🍧 🍧 🍧 🍧 🍧 🍧 🍧 🍧 🍧

3 **1, 2, 3, 4, 5, 6**

4 (1) **6, 8** (2) **4, 6**

5 (1) **8**에 ○표 (2) **6**에 ○표

생각열기 ❶ 66~67쪽

1 (1) **3**명, **4**명
  (2) **7**명

2 [7] [2]
      [9]

3~4 해설 참조

3 방법1 예 치마를 입은 사람과 바지를 입은 사람으로 나눌
     수 있습니다. 치마를 입은 팀은 **4**명이고 바지를
     입은 팀은 **5**명입니다.

  방법2 예 안경을 쓴 사람과 안 쓴 사람으로 나눌 수 있습
     니다. 안경을 쓴 팀은 **2**명이고 안경을 안 쓴 팀
     은 **7**명입니다.

4 방법1 예

4 개
3 개

  방법2 예

2 개
5 개

선생님의 참견

모으기와 가르기 활동을 해 보세요. 수를 모으고 가르
는 다양한 경험을 통해 수의 구조와 관계를 알게 돼
요.

개념활용 ❶-1 68~69쪽

1 **6**

2 [3] [2]
      [5]

3 (위에서부터) **5, 8**

4 (1) **7** (2) (위에서부터) **3, 6** (3) **9** (4) **6**

5 (1) 해설 참조
  (2) **1, 6** 또는 **2, 5** 또는 **3, 4** 또는 **6, 1** 또는
     5, 2 또는 **4, 3**

5 (1) 예
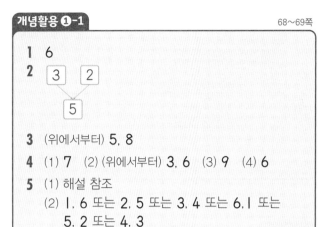

혼자인 친구─여섯인 친구, 둘인 친구─다섯인 친구, 셋인
친구─넷인 친구를 묶습니다.

개념활용 ❶-2 70~71쪽

1 (1)
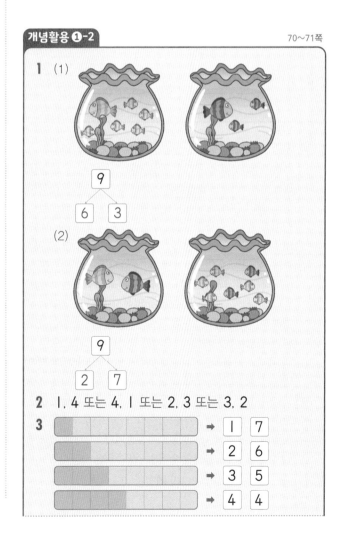
[9]
[6] [3]

(2)
[9]
[2] [7]

2 **1, 4** 또는 **4, 1** 또는 **2, 3** 또는 **3, 2**

3
→ [1] [7]
→ [2] [6]
→ [3] [5]
→ [4] [4]

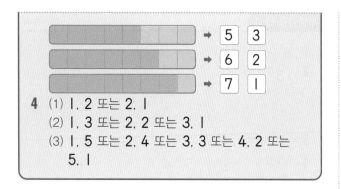

4 (1) 1, 2 또는 2, 1
   (2) 1, 3 또는 2, 2 또는 3, 1
   (3) 1, 5 또는 2, 4 또는 3, 3 또는 4, 2 또는
      5, 1

생각열기 ❷
72~73쪽

1 해설 참조
2 (1) 예
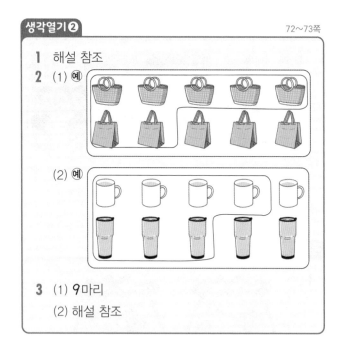
   (2) 예

3 (1) 9마리
   (2) 해설 참조

1 예 우리 아파트 사람들은 환경을 보호하기 위해 열심히 노력하고 있습니다. 그래서 자동차를 타는 대신 자전거를 이용하는 사람이 많습니다. 오늘 보니 파란색 자전거를 탄 사람이 2명, 노란색 자전거를 탄 사람이 4명으로 자전거를 탄 사람들은 모두 6명이었습니다. 대중교통인 버스를 타기 위해 줄을 선 사람들도 많았습니다. 4명이 줄을 서 있는데 멀리서 1명이 더 와서 5명이 버스를 탔습니다. 모두 대기 오염을 줄이기 위해 노력하는 사람들입니다. 사람들은 분리수거도 열심히 합니다. 분리수거장에 가 보니 플라스틱을 모으는 통에 플라스틱이 5개 담겨 있었는데 사람들이 3개를 더 넣었습니다. 오늘 모인 플라스틱 8개는 다시 재활용이 될 것입니다. 우리 엄마는 환경 보호를 위해 비닐 봉투 대신 장바구니를 사용합니다. 오늘 엄마와 함께 장바구니를 들고 마트에 가서 오이 4개와 당근 3개를 샀습니다. 채소 7개로 엄마가 맛있는 저녁 반찬을 만들어 주셨습니다. 이것 말고도 환경 보호를 위해 실천할 수 있는 일이 많습니다.

3 (2) 예 – 그림을 그려 하나씩 세었습니다.

– 이어 세기를 했습니다. 4, 5, 6, 7, 8, 9
– 3과 6을 모으기 했습니다.
–

선생님의 참견

합을 구하는 여러 가지 상황을 경험해 보세요. 더한 결과에 초점을 두기보다 어떤 상황에서 합을 구하게 되는지 이해하는 것에 중점을 두어요.

개념활용 ❷-1
74~75쪽

1 +, =, 6
2 +, =, 8
3 (1) 덧셈식 예 $4+3=7$ (2) 덧셈식 예 $4+1=5$

3 (1) 바구니에 오이 4개와 당근 3개가 있습니다.
   (2) 4명이 서 있었고 1명이 더 오고 있습니다.

개념활용 ❷-2
76~77쪽

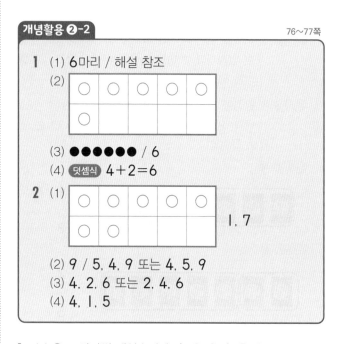

1 (1) 6마리 / 해설 참조
   (2)
   (3) ●●●●●● / 6
   (4) 덧셈식 $4+2=6$
2 (1)
                      1, 7
   (2) 9 / 5, 4, 9 또는 4, 5, 9
   (3) 4, 2, 6 또는 2, 4, 6
   (4) 4, 1, 5

1 (1) 예 – 하나씩 세었습니다. 1, 2, 3, 4, 5, 6
      – 4에서부터 이어 세기를 했습니다. 5, 6
      – 4와 2를 모으기 했습니다.

1 (1) 0
(2) (위에서부터) 0, 6, 6 / 5, 0, 5
(3) 예 변하지 않습니다. / 어떤 수 그대로입니다.
(3) 9 / 5
2 해설 참조
3 (1) 6　　(2) 9　　(3) 4　　(4) 8
4 0, 5 또는 1, 4 또는 2, 3 또는 5, 0 또는 4, 1
또는 3, 2
5 4, 5, 6, 7, 8
`알게 된 점` 예 더하는 수가 1씩 커지면 합도 1씩
커집니다.
6 해설 참조

2 예 – 아무것도 없는 필통에 연필 5자루를 넣을 때 0에 5
를 더합니다.

– 집에 사과가 8개 있는데 사과를 더 사지 않았을 때
8에 0을 더합니다.

6 예 – 냉장고에 초코 우유가 2팩, 흰 우유가 6팩 있습니다.
냉장고에는 우유가 모두 몇 팩 있나요?

 / 8팩

예 – 공책이 2권 있었는데 새 학기를 맞아 6권을 더 샀습
니다. 공책은 모두 몇 권인가요?

 / 8권

1 해설 참조
2 (1) 2개
(2) 해설 참조
3 (1) 5개
(2) 해설 참조

1 예 빙하가 7개 있었는데 2개가 점점 가라앉고 있어서 남
은 빙하는 5개밖에 되지 않습니다. 집을 찾아 두리번거
리는 북극곰들이 있는데 엄마 북극곰이 1마리, 아기 북
극곰이 4마리입니다. 아기 북극곰이 엄마 북극곰보다
3마리 더 많습니다. 바다코끼리와 북극여우도 있습니
다. 바다코끼리는 7마리, 북극여우는 4마리입니다. 바
다코끼리가 북극여우보다 3마리 더 많습니다. 사람들이

살고 있는 이글루도 있는데 깃발이 꽂힌 이글루도 있고
깃발이 없는 이글루도 있습니다. 이글루는 8개이고 깃
발은 5개입니다. 깃발이 없는 이글루는 3개입니다. 친
구들이 얼음 위에서 놀고 있습니다. 5명이 놀고 있는데
3명이 집으로 돌아가려고 합니다. 그럼 2명이 남습니
다. 북극곰들이 집을 잃지 않도록 환경을 보호해야겠다
는 생각이 들었습니다.

2 (2) 예 – 머그컵과 종이컵을 하나씩 짝 지었습니다.

– 8보다 6 작은 수를 생각했습니다.

3 (2) 예 – 머그컵 8개 중 사용한 3개를 지웠더니 5개가 남
았습니다.

– 거꾸로 세기를 했습니다. 8, 7, 6, 5

`선생님의 참견`

둘 사이의 차이 또는 남아 있는 상황을 다양하게 경험해 보
세요. 계산 결과를 구하는 데 초점을 두기보다 차이
나는 상황을 이해하고 해결 방법을 스스로 생각해
보는 것에 중점을 두어요.

1 ㅡ, =, 2
2 (1) 해설 참조
(2) `뺄셈식` 8-5=3
3
4 (1) `뺄셈식` 예 4-1=3　(2) `뺄셈식` 예 9-4=5

2 (1) 예

4 (1) 아기 북극곰 4마리는 엄마 북극곰 1마리보다 3마리
더 많습니다.

1 (1) 5, 4

(2) ○ ○ ○ ○ ○ ∅ ∅ ∅ ∅ ∅

(3) ●●●● / 4

(4) 뺄셈식 9−5=4

2 (1) 7, 6, 1   (2) 3, 3 / 6, 3, 3

(3) 8, 3, 5   (4) 7, 1, 6

2 (4) 풍선이 **7**개 있었는데 **1**개가 날아가서 **6**개 남았습니다.

1 (1) 예 0을 뺍니다.

(2) 예 그대로입니다. / 변하지 않습니다.

(3) 뺄셈식 7−0=7

(4) 8 / 5

2 (1) 뺄셈식 7−7=0

(2) 0 / 0

3 (1) 1   (2) 2   (3) 5   (4) 0

4 (1) 2

(2) 4

5 2, 2, 2, 2, 2

알게 된 점 예 한 수가 **1**씩 커지고 다른 수도 **1**씩 커지면 차는 같습니다.

6 해설 참조

6 예 − 마스크가 **7**장 있는데 어머니와 아버지, 내가 하나씩 **3**장을 사용했습니다. 남은 마스크는 몇 장인가요?

 / 4장

예 − 연필을 나는 **7**자루, 동생은 **3**자루 가지고 있습니다. 나는 동생보다 연필을 몇 자루 더 가지고 있나요?

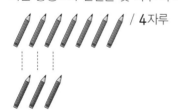 / 4자루

스스로 정리

(1) +   (2) 6   (3) −

(4) 5   (5) 0   (6) 4

개념 연결

수를 세고 읽기   3, 4, 5, 8, 9

둘, 넷, 여섯, 여덟

이, 오, 팔

크기 비교   많습니다에 ○표, 큽니다에 ○표

1 5 / 4

(1) **9**개 / 빨간색 공이 **5**개, 파란색 공이 **4**개 있으므로 공은 모두 5+4=9(개)야.

(2) **1**개 / 빨간색 공이 **5**개, 파란색 공이 **4**개 있어. 빨간색 공은 파란색 공보다 5−4=1(개) 더 많아.

선생님 놀이

1 ~ 2   해설 참조

1 예 − 어른 **5**명과 아이 **3**명이 있습니다. 모두 **8**명입니다.

5+3=8

− 앉아 있는 사람 **4**명과 서 있는 사람 **4**명이 있습니다. 모두 **8**명입니다.

4+4=8

2 예 − 우산을 들고 있는 친구가 **5**명이고, 우산이 없는 친구가 **3**명입니다. 모두 **8**명입니다. 5+3=8

− 비옷을 입은 친구가 입지 않은 친구보다 **2**명 더 많습니다. 5−3=2

1 (1) 7 (2) 5, 3 또는 3, 5

2 (1) 식 5+2=7   (2) 식 4−1=3

3

4

○	○	○	○	○
○	○			

5, 2, 7 또는 2, 5, 7

5 ◯ ◯ ◯ ◯ ⊘ ⊘ ⊘ ⊘ 8, 4, 4

6 (1) 7 (2) 6 (3) 5 (4) 5 (5) 6

7 (1) + (2) − (3) + 또는 − (4) +

8 3, 8

9 (식) 6−4=2 (답) 2권

10 (예)
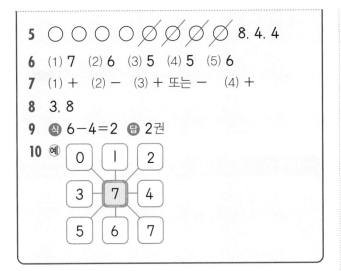

2 (2) 비행기가 4대 있었는데 1대가 날아가서 4−1=3(대) 남았습니다.

---

1 4, 4 / 5, 3 또는 3, 5

2 해설 참조

3 (덧셈식) 3+4=7 또는 4+3=7

　　(뺄셈식) 7−4=3 또는 7−3=4

4 7

5 7명

6 여름 / 1점

7 (뺄셈식) 9−3=6 (답) 6

8 8

---

1 검정색과 흰색으로 가르기 하면 4와 4로 가르기 할 수 있고, 네모와 동그라미로 가르기 하면 3과 5(5와 3)로 가르기 할 수 있습니다.

2 4−2=2, 6−4=2이므로 차가 2인 뺄셈식을 만들어야 합니다. 차가 2인 뺄셈식은 2−0=2, 3−1=2, 5−3=2, 7−5=2, 8−6=2, 9−7=2가 있습니다.

4 4+3=7이므로 ㉠=7이고, 8에서 어떤 수를 뺐는데 그대로 8이므로 ㉡=0입니다. ㉠+㉡=7+0=7입니다.

5 버스에 타고 있던 사람 수에 더 탄 사람 수를 더하면 2+2=4(명)입니다. 그다음 정류장에서 탄 사람 수를 더하면 4+3=7(명)입니다.

---

6 (예) 봄이는 6, 2, 5가 나왔습니다. 6+2=8, 8−5=3 이므로 봄이의 점수는 3점입니다. 여름이는 3, 2, 1 이 나왔습니다. 3+2=5, 5−1=4이므로 여름이의 점수는 4점입니다. 따라서 여름이가 게임에서 이겼고 4−3=1이므로 1점 차이입니다.

7 차가 가장 큰 수를 만들려면 가장 큰 수 9에서 가장 작은 수 3을 빼야 합니다.

8 어떤 수에서 2를 빼어 4가 되었으므로 □−2=4입니다.

□ 이므로 2와 4를 모으기 하면 6입니다.
2 4 바르게 계산하기 위해 6에 2를 더하면
6+2=8입니다.

기억하기

96~97쪽

선생님의 참견

여러 가지 대상을 비교하기 위해서 눈에 보이는 대로 또는 직접적으로 길이나 넓이 등을 비교해 보세요. 비슷하 지만 약간 크기가 다른 이유가 무엇인지 생각해 보세요.

생각열기 ❶

98~99쪽

1 (1)~(3) 해설 참조

2 (1)~(3) 해설 참조

1 (1) ⑩ – 노란색 테이프가 더 길다고 생각합니다.
– 파란색 테이프가 더 길다고 생각합니다.

(2) ⑩ – 노란색 테이프가 더 길어 보이기 때문입니다.
– 파란색 테이프가 옆으로 좀 더 나와 있기 때문입 니다.

(3) ⑩ – 한쪽 끝을 맞춥니다.
– 둘을 겹쳐서 비교합니다.

2 (1) ⑩ – 연두색 스케치북에 더 큰 그림을 그릴 수 있을 것 같습니다.
– 하늘색 스케치북에 더 큰 그림을 그릴 수 있을 것 같습니다.

(2) ⑩ – 연두색 스케치북이 더 커 보이기 때문입니다.
– 겹쳐 보면 연두색 스케치북이 더 클 것 같습니다.
– 하늘색 스케치북이 더 커 보이기 때문입니다.
– 겹쳐 보면 하늘색 스케치북이 더 클 것 같습니다.

(3) ⑩ – 둘을 겹쳐 봅니다.
– 크다고 생각하는 스케치북 위에 작다고 생각하는 스케치북을 올려 봅니다.

개념활용 ❶-1

100~101쪽

1 (1) 해설 참조
(2) 가위, 볼펜 / 볼펜, 가위
2 (1) 해설 참조
(2) 수학책, 수첩 / 수첩, 수학책

1 (1) ⑩ – 가위가 더 깁니다. 눈으로 비교했습니다.
– 가위가 더 깁니다. 볼펜과 가위의 한쪽 끝을 맞추 면 어떻게 될지 생각해 보았습니다.

2 (1) ⑩ – 수학책이 더 넓습니다. 눈으로 비교했습니다.

개념활용 ❶-2

102~103쪽

1 (1) 연필 / 지우개
(2), (3) 해설 참조
2 (1) 달력 / 우표
(2), (3) 해설 참조

1 (2) ⑩ 가장 길다, 가장 짧다, 더 길다, 더 짧다

(3) ⑩ – 연필이 가장 길다.
– 지우개가 가장 짧다.
– 연필은 지우개보다 더 길다.
– 연필은 풀보다 더 길다.
– 풀은 연필보다 더 짧다.
– 풀은 지우개보다 더 길다.
– 지우개는 풀보다 더 짧다.

2 (2) ⑩ 가장 넓다, 가장 좁다, 더 넓다, 더 좁다

(3) ⑩ – 달력이 가장 넓다.
– 우표가 가장 좁다.
– 달력은 엽서보다 더 넓다.
– 달력은 우표보다 더 넓다.
– 엽서는 달력보다 더 좁다.
– 엽서는 우표보다 더 넓다.
– 우표는 달력보다 더 좁다.
– 우표는 엽서보다 더 좁다.

생각열기 ❷

1~2 해설 참조

1 (1) 예 – 책가방이 더 무거울 것 같습니다.
– 축구공이 더 무거울 것 같습니다.
(2) 예 – 책가방에 필통이나 책이 들어 있기 때문입니다.
– 축구공은 한 손으로 들기가 어렵기 때문입니다.
(3) 예 – 양쪽 손에 하나씩 들어 봅니다.
– 저울을 이용해서 무게를 재어 봅니다.
2 (1) 예 – 하늘색 물병에 더 많이 들어갈 것 같습니다.
– 연두색 물병에 더 많이 들어갈 것 같습니다.
(2) 예 – 하늘색 물병이 더 길기 때문입니다.
– 연두색 물병이 더 커 보이기 때문입니다.
(3) 예 – 눈으로 비교해 봅니다.
– 더 많이 담길 것 같은 물병에 물을 가득 담아 다시 다른 병에 부었을 때 물이 넘치면 처음 병에 물을 더 많이 담을 수 있다는 것을 알 수 있습니다.

선생님의 참견

여러 가지 물건을 비교하기 위해 눈에 보이는 대로 또는 직접적으로 무게나 물이 들어갈 수 있는 양을 비교하는 활동을 해 보세요. 자신이 직접 경험해 본 상황에서 비교하는 것이 좋아요.

개념활용 ❷-1

1 (1) 해설 참조
(2) 가위, 연필 / 연필, 가위
2 (1) 해설 참조
(2) 냄비, 주전자 / 주전자, 냄비

1 (1) 예 – 가위가 더 무겁습니다.
– 가위가 쇠로 되어 있기 때문에 더 무거울 것 같습니다.
– 가위가 연필보다 더 크기 때문에 더 무거울 것 같습니다.
2 (1) 예 – 냄비에 더 많이 담을 수 있습니다.
– 냄비가 주전자보다 더 크기 때문입니다.
– 냄비에 물을 가득 담아 주전자에 부어 보면 물이 넘칠 것 같기 때문입니다.

개념활용 ❷-2

1 (1) 비행기, 자전거
(2), (3) 해설 참조
2 (1) 욕조, 컵
(2), (3) 해설 참조

1 (2) 예 가장 무겁다, 가장 가볍다, 더 무겁다, 더 가볍다
(3) 예 – 비행기가 가장 무겁습니다.
– 자전거가 가장 가볍습니다.
– 비행기는 자동차보다 더 무겁습니다.
– 비행기는 자전거보다 더 무겁습니다.
– 자동차는 비행기보다 더 가볍습니다.
– 자동차는 자전거보다 더 무겁습니다.
– 자전거는 비행기보다 더 가볍습니다.
– 자전거는 자동차보다 더 가볍습니다.
2 (2) 예 가장 많다, 가장 적다, 더 많다, 더 적다.
(3) 예 – 욕조에 담을 수 있는 양이 가장 많습니다.
– 컵에 담을 수 있는 양이 가장 적습니다.
– 욕조에 담을 수 있는 양은 컵에 담을 수 있는 양보다 더 많습니다.
– 욕조에 담을 수 있는 양은 양동이에 담을 수 있는 양보다 더 많습니다.
– 양동이에 담을 수 있는 양은 욕조에 담을 수 있는 양보다 더 적습니다.
– 양동이에 담을 수 있는 양은 컵에 담을 수 있는 양보다 더 많습니다.
– 컵에 담을 수 있는 양은 욕조에 담을 수 있는 양보다 더 적습니다.
– 컵에 담을 수 있는 양은 양동이에 담을 수 있는 양보다 더 적습니다.

표현하기

스스로 정리

1 **예** 손 뼘의 길이가 가장 긴 사람은 겨울이고, 그다음으로 긴 사람은 가을이, 가장 짧은 사람은 봄이야. 왜냐하면 가을이의 손 뼘의 길이가 봄이의 손 뼘의 길이보다 길고, 겨울이의 손 뼘의 길이가 가을이의 손 뼘의 길이보다 더 길기 때문이야.

선생님 놀이

1 • 수첩, 넓습니다
    또는 수학책, 좁습니다
 • 넓습니다
 • 가장 또는 공책보다 또는 수학책보다

2 **예**

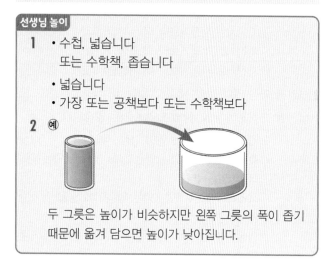

두 그릇은 높이가 비슷하지만 왼쪽 그릇의 폭이 좁기 때문에 옮겨 담으면 높이가 낮아집니다.

단원평가 기본
112~113쪽

1 (○)(   )

2 ㉢   3 농구장

4 (1) 작습니다에 ○표
 (2) 낮습니다에 ○표
 (3) 무겁습니다에 ○표

5 솜   6 도화지 / 색종이

7 ㉡   8 (○)(   )(   )

9 (○)(   )

10 ⑤

11 ㉠

단원평가 심화
114~115쪽

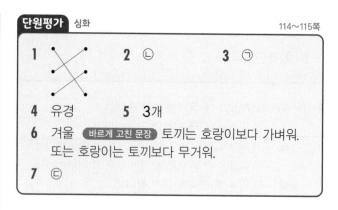

1   2 ㉡   3 ㉠

4 유경   5 3개

6 겨울 　바르게 고친 문장　 토끼는 호랑이보다 가벼워. 또는 호랑이는 토끼보다 무거워.

7 ㉢

2 ㉡ 줄넘기를 펼치면 ㉠줄넘기보다 깁니다.

3 ㉠, ㉣, ㉢, ㉡ 순서로 담긴 물의 양이 많습니다.

4 겨울이는 봄이보다 가볍고, 유경이는 겨울이보다 가벼우므로 유경이가 가장 가볍습니다.

5 숟가락보다 짧은 물건은 클립, 지우개, 사탕입니다.

7 물건을 가장 많이 담을 수 있으려면 봉투가 가장 커야 하므로 ㉢이 봄이가 산 봉투입니다.

기억하기

1 (1) 4 (2) 8

2

```
1   2      4   5
 \   \    /   /
       3
      / \
    9     6
    |     |
    8     7
```

3 (1) 3, 5 (2) 7, 9

4 (위에서부터) 6, 3 / 3, 6

생각열기 ➊

1 (1) ○ ○ ○ ○ ○ ○ ○ ○ ○ ○

(2) 오, 육, 칠, 팔, 구

(3) 다섯, 여섯, 일곱, 여덟, 아홉

2 (1) 5, 8

(2) 예 9보다 1 큰 수, 9 다음 수

3 (1)

● ● ● ● ●
● ● ● ● ●

(2) 해설 참조

4 (1)

● ● ● ●

(2) 예 왼쪽 ●를 세었더니 빨간 장미의 수와 같았
습니다 . 그래서 오른쪽은 노란 장미를 나타
낸다는 것을 알 수 있었습니다.

3 (2) 예 – 장미를 모두 세어서 알아냈습니다.
– 위쪽의 ●를 모두 세었습니다.

선생님의 참견

●●●●●의 의미를 이해하고 ●●●●●과 수의 관계를 알아
보기 위하여 가르기와 모으기 활동을 해요. 9 다음 수를 알아
보고, 모으기를 해서 ●●●●●이 되는 두 수의 관
계, ●●●●●을 두 수로 가르기를 할 때 나타나는
관계를 알아보세요.

개념활용 ➊-1

1 (1) 9

(2) 10

(3) 1개

2 9, 10

3 (1) 구, 십

(2) 아홉, 열

4 (1) 10

(2) 8, 9, 10

5 10, 1

6 1, 9 또는 2, 8 또는 3, 7 또는 4, 6 또는 5, 5
또는 6, 4 또는 7, 3 또는 8, 2 또는 9, 1

생각열기 ➋

1 (1) 해설 참조 (2) 30개

2 (1) 해설 참조 (2) 25개

3

1 작은 수		1 큰 수

(점 그림)

4 (1) 오른쪽 사과

(2) 해설 참조

1 (1) 예 – 하나씩 표시하면서 세어 봅니다.
– 2개씩 세어 봅니다.
– 10개씩 묶어서 셉니다.

(2) 10개씩 묶음이 3개이므로 10개와 10개와 10개입
니다.

2 (1) 예 – 하나씩 표시하면서 세어 봅니다.
– 10개씩 묶어 세고 남은 것을 낱개로 셀 수 있습
니다.

(2) 10개씩 묶음 2개와 낱개 5개입니다.

4 (2) 예 – 하나씩 비교했습니다.
– 10개씩 묶음이 더 많았습니다.

선생님의 참견

10보다 큰 수들의 순서를 알아보고 크기를 비교해 보
세요. 크기를 비교할 때 10개씩 묶음으로 생각하는 것
이 편리하다는 것을 느낄 수 있어요.

126~127쪽

1 예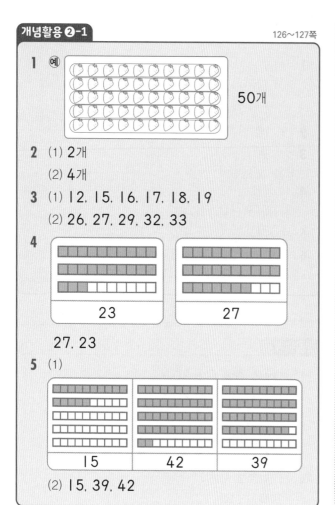

50개

2 (1) 2개

(2) 4개

3 (1) 12, 15, 16, 17, 18, 19

(2) 26, 27, 29, 32, 33

4

23   27

27, 23

5 (1)

15   42   39

(2) 15, 39, 42

128~129쪽

스스로 정리

4, 6, 9, 10

17, 18, 20, 21, 23, 24

39, 40, 42, 43, 45, 47

개념 연결

수의 크기 비교

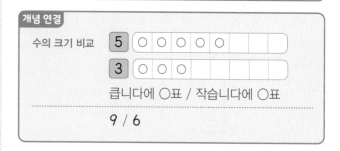

5   ○ ○ ○ ○ ○

3   ○ ○ ○

큽니다에 ○표 / 작습니다에 ○표

9 / 6

1 예 · 36은 41보다 작아.

· 29는 36보다 작아.

· 41은 36보다 커.

1부터 순서대로 세면 처음 나오는 수가 29이고, 다음은 36이고, 마지막으로 41이 나오니까 29가 가장 작고, 41이 가장 커. 36은 29와 41 사이에 있어.

선생님 놀이

1 28이 27보다 큽니다. / 해설 참조

2 해설 참조

1 예 28과 27은 10개씩 묶음이 모두 2개로 같지만, 낱개가 8개와 7개이기 때문에 28이 27보다 큽니다.

2

예 수를 순서대로 세어 20번 자리를 찾았습니다.

단원평가 기본

1 (1) 10개 (2) 10

2 10

3 (1) 10 (2) 5, 10
   (3) 7 (4) 10, 2

4 (1) 쓰기 30 읽기 삼십, 서른
   (2) 쓰기 37 읽기 삼십칠, 서른일곱

5 44, 46

6 (1)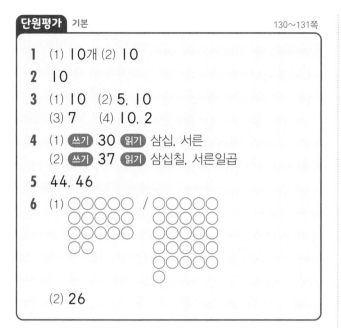

   (2) 26

단원평가 심화

1 (1) 26 / 이십육, 스물여섯
   (2) 14 / 십사, 열넷
   (3) 40 / 사십, 마흔

2 해설 참조

3 42, 46, 48

4 (1) 18개, 21개
   (2) 동생
   (3) 해설 참조

2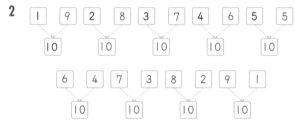

6	4	7	3	8	2	9	1

   10   10   10   10

4 예 – 여름이의 고리는 10개씩 묶음 1개이고, 동생의 고리
     는 10개씩 묶음 2개이기 때문에 동생이 고리를 더
     많이 걸었습니다.

   – 여름이와 동생의 고리를 하나씩 지웠더니 동생의 고
     리가 몇 개 더 남았습니다.

수학의 미래
초등 1-1

지은이 | 전국수학교사모임 미래수학교과서팀

초판 1쇄 인쇄일 2020년 12월 15일
초판 1쇄 발행일 2020년 12월 24일

발행인 | 한상준
편집 | 김민정 강탁준 손지원 송승민
삽화 | 조경규 홍카툰
디자인 | 디자인비따 한서기획 김미숙
마케팅 | 강점원
관리 | 김혜진

발행처 | 비아에듀(ViaEdu Publisher)
출판등록 | 제313-2007-218호
주소 | 서울시 마포구 월드컵북로6길 97 2층
전화 | 02-334-6123   홈페이지 | viabook.kr
전자우편 | crm@viabook.kr

ⓒ 전국수학교사모임 미래수학교과서팀, 2020
ISBN 979-11-91019-09-4 64410
ISBN 979-11-91019-08-7 (전12권)

• 비아에듀는 비아북의 교육 전문 브랜드입니다.
• 이 책은 저작권법에 따라 보호받는 저작물이므로 무단 전재와 복제를 금합니다.
• 이 책의 전부 혹은 일부를 이용하려면 저작권자와 비아북의 동의를 받아야 합니다.
• 잘못된 책은 구입처에서 바꿔드립니다.
• 책 모서리에 찍히거나 책장에 베이지 않게 조심하세요.
• 본문에 사용된 종이는 한국건설생활환경시험연구원에서 인증받은,
  인체에 해가 되지 않는 무형광 종이입니다. 동일 두께 대비 가벼워 편안한 학습 환경을 제공합니다.